全国餐饮职业教育教学指导委员会重点课题成果拓展书系

中华地方菜点烹饪技艺传承与创新丛书

内蒙古饮食传承与创新丛书

# 内蒙古面点制作

NEIMENGGU MIANDIAN ZHIZUO

编　著◇　武国栋　刘霞飞

副主编◇　陈　浩　刘加上　刘　磊　安　珏

编　者◇　（按姓氏笔画排序）

　　　　　王　瑞　王程程　冯　磊　刘　磊

　　　　　刘加上　刘霞飞　安　珏　李　欣

　　　　　李美君　陈　浩　武国栋

U0278759

华中科技大学出版社
http://www.hustp.com
中国·武汉

# 内 容 简 介

　　本书是全国餐饮职业教育教学指导委员会重点课题成果拓展书系、中华地方菜点烹饪技艺传承与创新丛书、内蒙古饮食传承与创新丛书之一。

　　本书共 3 个模块,内容包括早餐类面点制品,正餐、主食类面点制品,点心、小吃类面点制品的介绍和制作,每一制品后配有精美的图片。

　　本书可供烹饪类相关专业学生使用,也可作为餐饮行业的培训教材。

**图书在版编目(CIP)数据**

内蒙古面点制作/武国栋,刘霞飞编著.—武汉:华中科技大学出版社,2021.12
ISBN 978-7-5680-7755-2

Ⅰ.①内…　Ⅱ.①武…　②刘…　Ⅲ.①面食-制作-内蒙古-教材　Ⅳ.①TS972.132

中国版本图书馆 CIP 数据核字(2021)第 238457 号

**内蒙古面点制作**　　　　　　　　　　　　　　　　　武国栋　刘霞飞　编著
Neimenggu Miandian Zhizuo

策划编辑:汪飒婷
责任编辑:张　琳
封面设计:原色设计
责任校对:张会军
责任监印:周治超
出版发行:华中科技大学出版社(中国·武汉)　　　电话:(027)81321913
　　　　　武汉市东湖新技术开发区华工科技园　　　邮编:430223
录　　排:华中科技大学惠友文印中心
印　　刷:湖北恒泰印务有限公司
开　　本:787mm×1092mm　1/16
印　　张:10
字　　数:190 千字
版　　次:2021 年 12 月第 1 版第 1 次印刷
定　　价:49.80 元

# 前言

内蒙古自治区（以下简称内蒙古）地处我国北部边疆，横跨东北、华北、西北地区，内与黑龙江、吉林、辽宁、河北、山西、陕西、宁夏、甘肃8省区相邻，外与俄罗斯、蒙古国等接壤，边境线长达4200多千米；地貌以高原为主，大部分地区海拔在1000米以上。内蒙古自然风光优美，拥有草原、沙漠、湖泊、河流、森林等多种奇观，其中蕴含了丰富的食材资源，同时形成了独特的饮食文化。

为深入贯彻党的十九大和全国职业教育工作会议精神，促进餐饮业人才培养，践行产教融合，促进区域餐饮产业和院校的协同发展，弘扬中华饮食文化，宣传中国味道、讲好中国故事，加强对各地方菜系传统烹饪技艺的传承与创新，内蒙古商贸职业学院联合内蒙古旅游餐饮行业协会组织编写了本书。本书旨在挖掘内蒙古各民族、各盟市旗地方特色面点制品，抢救即将失传的面点制作工艺，让烹饪类专业学生传承内蒙古味道，推广内蒙古面点制品，规范内蒙古地区面点的制作标准，对现代餐饮业经营、面食品工厂生产具备一定指导意义。

本书挖掘整理和系统总结了内蒙古特色面点制品，按照"早餐类面点制品""正餐、主食类面点制品"和"点心、小吃类面点制品"的类别进行介绍。本书共介绍了80种面点制品，包括每一款面点制品的文化背景、特色和制作方法，并配备了精美的图片。本书极具地方特色，是内蒙古甚至全国各省市烹饪类专业学生、餐饮与食品加工从业人员和饮食爱好者了解内蒙古面点制作方法的必选图书。本书作为特色教材填补了烹饪专业教材中关于内蒙古面食品饮食文化的空白。

本书由内蒙古商贸职业学院武国栋、刘霞飞领衔团队分工编写而成，内蒙古商贸职业学院陈浩、刘加上，内蒙古草原小骏马食品有限公司刘磊、海南省农业学校安珏任副主编，内蒙古商贸职业学院李欣、王程程、冯磊、王瑞及呼和浩特市新城区市场监督管理局李美君任参编。

　　本书在编写过程中得到了内蒙古商贸职业学院和内蒙古旅游餐饮行业协会、内蒙古面食品产业学院的大力支持,并广泛听取了企业一线面点大师的意见和建议,参考了相关资料,在此一并表示感谢。由于编者能力有限,疏漏之处在所难免,希望广大同行和读者提出宝贵的指导意见。

编者

模块一　早餐类面点制品 1

## 模块二　正餐、主食类面点制品

## 模块三　点心、小吃类面点制品

# 模块一

# 早餐类面点制品

了解内蒙古地区早餐类面点制品的制作及特点。

饸饹面

## 一、饸饹面的介绍

饸饹面是内蒙古地区的传统早餐食品,饸饹面旧时称为"河漏",又称为"合饹"。饸饹面有白面饸饹和荞面饸饹两种。通常将和好的面团搓成圆条,放入饸饹床子的凹槽中压成滚圆长条,直接入沸水锅中煮制为细长光滑的饸饹,浮起即熟。饸饹面配以猪大骨汤和土豆熬制的汤料,味道十分鲜美。猪大骨汤是饸饹面的绝佳搭配,猪大骨除含有蛋白质、脂肪、维生素外,还含有大量的磷酸钙、骨胶原、骨黏蛋白等,猪大骨性温、味甘,有补脾气、润肠胃、生津液、丰肌体、泽皮肤、补中益气、养血健骨的功效。儿童经常喝猪大骨汤能补充身体所需的骨胶原,增强骨骼造血功能,有助于骨骼的生长发育。饸饹面不仅可以热吃也可以凉吃,将煮熟的饸饹面投凉,拌入调好的汁或炒好的酱中即可。内蒙古大街小巷可见饸饹面馆,可见人们对饸饹面的喜爱。

## 二、饸饹面的制作

### ❶ 饸饹面的加工工艺流程

和面→熬汤料→饸饹床子压面→压好的长条面入沸水煮制成熟→装碗浇汤料,撒上葱花、香菜末

### ❷ 饸饹面的加工制作

Note

| 加工设备、工具 | 饸饹床子、盛器。 |
| --- | --- |

| 原料 | 主料 | 精制面粉 500 克。 |
| --- | --- | --- |
| | 辅助原料 | 冷水 300 克、猪大骨 1000 克、花椒 10 克、大料 10 克、白蔻 5 克、肉蔻 5 克、草果 5 克、精盐 20 克、土豆 200 克、豆腐 200 克、葱花 5 克、香菜末 5 克。 |
| 加工步骤 | | 步骤一：取精制面粉 500 克放在案板上，中间开汤坑，加入冷水 300 克搅拌和成絮状，揉成光滑面团，盖湿布醒制 30 分钟备用。<br>步骤二：将猪大骨 1000 克洗净放入冷水锅中开火加热，煮沸后撇去浮沫，加入精盐 20 克，将花椒 10 克、大料 10 克、白蔻 5 克、肉蔻 5 克、草果 5 克用纱布包好放入锅中，用小火炖制 5 小时，锅上火放入熬好的猪大骨汤，土豆、豆腐切成 2 厘米大小的丁放入锅中烧开煮熟，即为饸饹面汤料。<br>步骤三：把饸饹床子架在沸水锅上，将醒好的面团切长条搓成圆条放入饸饹床子的凹槽中，用力向下压入沸水锅中煮制，待面条浮起再煮 30 秒后捞出装碗。<br>步骤四：在煮好装碗的面条上浇熬好的汤料，撒上葱花、香菜末即可。 |
| 技术关键 | | （1）煮汤时要撇净浮沫，使汤清澈。<br>（2）醒好的面团直接使用，不可再揉，以免上劲。<br>（3）压面时力度均匀才能使饸饹面条光滑直顺。 |
| 类似菜品 | | 荞面饸饹。 |

 荞面条

## 一、荞面条的介绍

荞面条是以荞麦粉为主要原料，以猪肉、酸菜等为辅料制作而成的美食。荞麦自古就是人们喜爱的杂粮面食。《王祯农书》中记载：北方山后，诸郡多种，治去皮壳，磨而为面，摊作煎饼。荞麦富含蛋白质、脂肪和大量的亚油酸、亚麻酸、矿物质、维生素、烟酸、芦丁等。芦丁有降低人体血脂和胆固醇、软化血管、保护视力以及预防脑血管出血等作用。荞麦中镁含量丰富，镁能促进人体纤维蛋白溶解，使血管扩张，抑制凝血块的形成，镁还可以维持神经肌肉兴奋性以及骨骼的生长。荞麦所含膳食纤维是一般精制大米的 10 倍，经常食用荞麦不仅可以增强免疫力、改善失眠多梦的状态、增加饱腹感，还可以美白皮肤，荞麦是高血压、糖尿病等慢性病患者及肥胖者的理想食品。内蒙古通辽库伦旗种植荞麦历史悠久，因日照时间长、有效积温多，该地区气候环境适合荞麦的生长，由于该地区出产的荞麦品质高，素有"荞麦之乡"的美誉。猪肉含有丰富的蛋白质、脂肪、碳水化合物和微量元素，具有补虚强身、滋阴润燥的作用。酸菜也是极具北方特色的家常食物，不仅口感好，而且能开胃，增进食欲。

## 二、荞面条的制作

### ❶ 荞面条的加工工艺流程

和面→炒面卤→擀面切条，煮制成熟装碗→浇卤

### ❷ 荞面条的加工制作

| 加工设备、工具 | | 擀面杖、刀、煮面锅、炒锅、炒勺、盛器。 |
|---|---|---|
| 原料 | 主料 | 荞麦粉 500 克。 |
| | 辅助原料 | 冷水 300 克、猪五花肉 200 克、猪油 50 克、酸菜 300 克、大料 2 克、精盐 5 克、味精 5 克、大葱末 10 克、蒜末 10 克、香菜末 5 克、猪大骨汤 500 克。 |

| | |
|---|---|
| 加工步骤 | 步骤一：取荞麦粉 500 克放在案板上，中间开汤坑，加入冷水 300 克搅拌和成絮状，揉成光滑面团，盖湿布醒制 30 分钟备用。<br><br>步骤二：猪五花肉切成 0.5 厘米的小丁，酸菜切丝用清水浸泡 10 分钟，以降低酸菜的盐度和酸度，捞出挤尽水分备用。炒锅上火放入猪油烧热，放入切好的五花肉煸炒至变色发白，加入大料 2 克、大葱末 10 克、蒜末 10 克炒出香味，放入酸菜翻炒均匀，倒入猪大骨汤烧开，加精盐 5 克、味精 5 克调味，转小火炖煮 5 分钟即可。<br><br>步骤三：将醒好的面团压扁，擀成 0.2 厘米厚的大片，切成 0.4 厘米宽、20 厘米长的条，入沸水锅中煮制，待面条浮起再煮 1 分钟后捞出装碗。<br><br>步骤四：煮好装碗的荞面条上浇熬好的猪肉酸菜面卤，撒香菜末即可。 |
| 技术关键 | （1）面团软硬度要合适。<br>（2）煮制时间不能太短以免夹生。 |
| 类似菜品 | 手擀面。 |

# 一、酸粥的介绍

酸粥是内蒙古西南部与陕西、山西交界地区极具地方特色的食品。酸粥是将内蒙古西南部特产的糜米经过发酵后煮制的一种粥,酸甜生津,解热败火,通常作为早餐食用。糜米中含有丰富的蛋白质、脂肪、维生素、矿物质及微量元素,不仅营养价值高,还具有一定的保健功能。中医认为糜米能和中益气、凉血解暑。糜米中食用纤维的含量高于小麦和大米,纤维素可促进肠道蠕动,有利于排便,减少细菌、毒素对肠壁的刺激,降低消化系统疾病及肿瘤的发病率。糜米经过发酵后,不仅口味酸甜,而且更有利于人体的消化吸收。酸粥的酸味不是醋酸味,也不是食物变质的酸味,而是糜米经自然发酵后所产生的酸味。民间流传,宋朝年间,百姓正在家中淘米准备煮粥,听到辽兵来袭就放下正在水中浸泡的糜米出门逃命,几天后辽兵退去,百姓返回家中,发现水中浸泡的糜米已经发酵变酸,百姓不舍得丢弃,便将其煮粥充饥,出乎意料的是,煮出的酸粥黄亮坚韧、异香袭人、酸爽可口,此后酸粥便世代相传,延续至今。早上吃酸粥、中午吃酸米捞饭、晚上吃酸米稀粥已经成为这个地区老百姓的饮食习惯。酸粥具有开胃健脾、促进消化、增进食欲等功效。

## 二、酸粥的制作

### ① 酸粥的加工工艺流程

锅中加水烧开,加入土豆煮制→加入发酵好的酸米煮制→煮熟装碗

### ② 酸粥的加工制作

| 加工设备、工具 | | 水锅、刀、勺子、盛器。 |
|---|---|---|
| 原料 | 主料 | 发酵好的酸米100克。 |
| | 辅助原料 | 水500克、土豆50克。 |
| 加工步骤 | | 步骤一:土豆切成滚刀块,锅中加水烧开,放入切好的土豆煮至半熟。<br>步骤二:将酸米捞出放入锅中和土豆继续煮制,边煮边搅动,防止粘锅。<br>步骤三:煮至米粒涨开,舀出多余的水,转小火继续煮制,边煮边不停地搅动,防止粘锅,待米黏稠、土豆软烂时出锅装碗。 |
| 技术关键 | | (1)酸米的做法:用豆腐酸浆作为"引子"倒入洗净的瓷罐中(罐子中不能有水),倒入煮过糜米的汤,再把生糜米倒入罐子中加盖,放灶台上发酵成酸米,捞酸米用的勺子应无油无生水。 |

| 技术关键 | （2）土豆必须先煮至半熟才能放米。<br>（3）舀出多余水分转小火继续煮制。 |
|---|---|
| 类似菜品 | 八宝粥、腊八粥。 |

## 一、莜麦面牛骨髓茶的介绍

　　莜麦面牛骨髓茶又称为油茶、熟面，选用优质莜麦面粉及牛骨髓油炒制而成。莜麦是内蒙古武川县特产，武川县由南至北地形逐渐低缓，东、南、西三面环山构成了盆地，气候属于温带大陆性季风气候，非常适宜莜麦的种植。莜麦既属于高热量、耐饥食物，也属于高蛋白质、低糖食物，可作为糖尿病患者的首选食品。此外，莜麦还含有多种维生素和其他禾谷类作物所缺少的皂苷，对冠心病、动脉硬化、高血压等疾病患者均有良好的保健功效。莜麦还含有一种特别的物质，即亚油酸，它能促进人体的新陈代谢，也有助于减肥和美容。莜麦面是深受老百姓喜爱的风味食品。辅助原料中的花生仁、核桃仁、芝麻营养丰富，蛋白质、油脂、矿物质、维生素等含量较高，经常食用能促进人体生长发育、增强体质、预防疾病。

## 二、莜麦面牛骨髓茶的制作

### ❶ 莜麦面牛骨髓茶的加工工艺流程

牛骨髓油加热熔化→放入莜麦面炒制→放入碗中加入开水搅匀

### ❷ 莜麦面牛骨髓茶的加工制作

| 加工设备、工具 | | 炒锅、铲子、盛器。 |
|---|---|---|
| 原料 | 主料 | 莜麦面500克。 |
| | 辅助原料 | 牛骨髓油100克,黑白芝麻各10克,核桃仁、花生仁、瓜子仁各20克,葡萄干30克。 |
| 加工步骤 | | 步骤一:炒锅上火,放入牛骨髓油加热至完全熔化。<br>步骤二:将500克莜麦面倒入锅内,不断翻炒使莜麦面均匀受热,炒熟后加入黑白芝麻、核桃仁、花生仁、瓜子仁、葡萄干,炒匀出锅。<br>步骤三:将炒好的莜麦面牛骨髓茶放入碗中,根据个人口味加入盐或糖,沸水冲入搅匀即可食用,还可拌入酥油、炒米。 |
| 技术关键 | | 炒莜麦面时温度不能太高,防止炒煳。 |
| 类似菜品 | | 白面油茶。 |

# 烧卖

## 一、烧卖的介绍

　　烧卖在全国很多地方都有,有肉馅、菜馅、糯米馅等,种类繁多。呼和浩特烧卖起源于元代初期,在呼和浩特商途的茶馆出售。呼和浩特羊肉大葱烧卖起源于清代绥远(现呼和浩特)。相传在旧城大召,有一对兄弟以卖包子为生。后来哥哥娶了媳妇,嫂嫂要分家,包子店归哥哥嫂子所有。弟弟在店里打工做包子、卖包子,善良的弟弟除能吃饱之外身无分文。为了攒钱娶媳妇,弟弟在蒸包子时另外做了一些薄皮开口的"包子",卖包子的钱给哥哥,卖薄皮开口的"包子"的钱自己攒起来。很多人喜欢这个不是包子的"包子",于是取名"捎卖",后来逐渐演变为"烧卖"。呼和浩特的烧卖是以锡林郭勒草原的羔羊肉配以生姜、大葱做馅,河套雪花粉做皮,乌兰察布马铃薯为辅料,工艺与众不同。烧卖外形美观,皮色清白,略呈半透明状,皮薄馅大,皮质口感柔韧爽口,馅心鲜嫩纯香,吃后口齿留香。馅心中的羊肉健脾温中,补肾壮阳,从中医角度来讲,羊肉甘而热,有很好的温补脾胃的作用,因此对脾胃虚寒、纳少反胃、食欲不振的人来说有健脾温中、益气补虚之效。羊肉入肾经,对虚劳、肾阳亏损、腰膝酸软的人来说有很好的温补壮阳的作用。蒸烧卖、煎烧卖是呼和浩特人民早餐的首选。吃烧卖也很有讲究,一定要搭配砖茶去腻。

## 二、烧卖的制作

### 1 烧卖的加工工艺流程

和面→擀制烧卖皮→调制烧卖馅→包捏成型→蒸制成熟

### 2 烧卖的加工制作

| 加工设备、工具 | 烧卖槌、刀、挑馅板、不锈钢盆、小蒸笼。 |
|---|---|

| 原料 | 主料 | 高筋面粉 500 克、羊后腿肉 500 克。 |
|---|---|---|
| | 辅助原料 | 冷水 250 克、淀粉 500 克、大葱 350 克、鲜姜 50 克、干姜粉 15 克、盐 12 克、鸡精 8 克、胡麻油 50 克。 |
| 加工步骤 | | 步骤一：取高筋面粉放在案板上，中间开汤坑，加冷水搅拌和成絮状，揉成较硬面团，盖湿布醒制 20 分钟再揉，这样反复揉四五次，将面团揉光揉透，盖湿布醒制备用。<br>步骤二：将醒好的面团搓条下 80 个剂子，压扁，撒淀粉（做扑面），用烧卖槌擀制成百褶边。<br>步骤三：将羊后腿肉切成 1 厘米的小丁，放入盆中加盐、鸡精、干姜粉、冷水搅拌均匀（搅拌至水完全吸入肉中），大葱剁碎、鲜姜切末，和胡麻油搅拌均匀后，再和调制好的羊肉拌在一起搅匀成馅料。<br>步骤四：取烧卖皮，将调制好的馅料放在烧麦皮的中间，用拢上法包捏成烧卖生坯。<br>步骤五：将包好的烧卖装入小蒸笼，水开上笼，旺火蒸制 8 分钟即可。 |
| 技术关键 | | （1）和的面不能太软，具体水量根据面粉质量灵活掌握，必要时可加少量盐。<br>（2）调制馅料时大葱和胡麻油要搅拌均匀再和肉馅调在一起。<br>（3）包馅前一定要把烧卖皮上的干淀粉抖净。<br>（4）蒸烧卖时一定要旺火足气。 |
| 类似菜品 | | 蒸饺、小笼包。 |

 锅贴

## 一、锅贴的介绍

　　锅贴是内蒙古中部地区著名的传统风味面点,是用烫面面团搭配荤素馅心包捏成类似饺子的形状,但两边不收口,在电饼铛上水油煎制而成。此面点制品用料主副兼备、制作工艺精细、风味独特。锅贴成品色泽金黄,皮坯柔中带韧,底部焦黄酥脆,馅心鲜嫩可口。锅贴除含有大量碳水化合物以及植物蛋白外,还含有丰富的动物蛋白和脂肪。馅心中的猪肉可为人们提供优质蛋白质和脂肪,还可提供铁和促进铁吸收的半胱氨酸,能改善缺铁性贫血。但是猪肉性寒且胆固醇含量较高,所以肥胖者和高脂血症、冠心病患者不宜多食。为此,在制作馅心时,应添加适当比例的蔬菜,增加膳食纤维、维生素、矿物质等营养成分,并适量使用调味料,既能获得良好的口味,也能使营养搭配合理,有助于消化吸收。锅贴表皮柔韧、底部焦脆,是一款营养又好吃的风味面点,深受人们青睐。

## 二、锅贴的制作

### ❶ 锅贴的加工工艺流程

和面→制馅→包捏成型→煎制成熟→装盘

### ❷ 锅贴的加工制作

| 加工设备、工具 | | 擀面杖、刀、挑馅板、不锈钢盆、煎锅。 |
|---|---|---|
| 原料 | 主料 | 精制面粉 500 克、猪前肩肉 300 克。 |
| | 辅助原料 | 沸水 300 克、清水 100 克、白菜 500 克、大葱 150 克、鲜姜 20 克、花椒粉 2 克、大料粉 2 克、精盐 10 克、鸡精 8 克、酱油 15 克、料油 50 克、猪油 10 克。 |

| | |
|---|---|
| 加工步骤 | 步骤一:取精制面粉倒入不锈钢盆中,加入沸水搅匀,揉成团,加猪油揉至光滑备用。<br><br>步骤二:先将猪前肩肉剁成末,放入不锈钢盆中,加入花椒粉、大料粉、精盐、鸡精、酱油、清水搅打至上劲;白菜焯水过凉后剁成细末,大葱切小粒,鲜姜切末放盆中和料油拌匀,再倒入拌好的猪肉馅中搅拌均匀,备用。<br><br>步骤三:将面团搓条,揪成20克一个的剂子,逐个压扁擀成直径8厘米的圆皮,一手托圆皮另一手用挑馅板挑入15克调制好的馅心,圆皮对折捏成长条饺子形,中间捏合,两端不封口。<br><br>步骤四:煎锅加热到180摄氏度,锅内淋油,将包制好的锅贴生坯整齐码入锅中,煎至底部变黄,喷水加盖焖5分钟,煎至水干锅贴底部焦黄,顺排铲出锅贴,底部朝上放入盘中即成。 |
| 技术关键 | (1)和好的烫面面团要摊开散去热气,再揉制成团以免发黏。<br>(2)选用的猪前肩肉应以肥三瘦七为宜,不宜太瘦。<br>(3)煎制时用油不宜过多。<br>(4)喷水时锅贴底部上色不能太重以防煳底。 |
| 类似菜品 | 水煎包、煎烧卖。 |

## 一、布里亚特包子的介绍

布里亚特包子是呼伦贝尔的特色食品,是呼伦贝尔鄂温克旗锡尼河的布里亚特人的传统美食。布里亚特包子是布里亚特人将汉族食品制作方法融合本民族饮食特点而创造出来的特色食品。布里亚特包子在外形上和其他民族的包子没有太大的差别,其特点首先在于包子馅的制作,其次在包子褶收口时不将其捏紧,而是留一个小口,这样鲜香才会散发出来。布里亚特包子根据外形分为绵羊包子、山羊包子、骆驼包子等。布里亚特包子馅料主要以新鲜的羊肉或牛肉为主,配以洋葱或大葱、精盐,原汁原味。这种包子用料实惠,馅鲜、汤浓、皮薄,不膻不腻,吃起来非常可口,有"面团里手把肉"的美誉。羊肉含有丰富的脂肪、蛋白质、矿物质以及钙、磷、铁等,其性温味甘,有助元阳、补精血、疗肺虚的功效,对气喘、气管炎、肺病及虚寒者相当有益。洋葱被誉为"蔬菜皇后",洋葱中的植物杀菌素具有刺激食欲、帮助消化的作用,由于它经呼吸道、泌尿道、汗腺排出时能刺激管道壁分泌,所以有祛痰、利尿、发汗、预防感冒以及抑菌防腐的作用。洋葱含有类似甲磺丁脲的物质,有降低血糖的作用,且洋葱的硒含量较高,具有抗癌的作用。

## 二、布里亚特包子的制作

### ❶ 布里亚特包子的加工工艺流程

和面→调馅→包捏成型→蒸制成熟→装盘

### ❷ 布里亚特包子的加工制作

| 加工设备、工具 | | 蒸锅、擀面杖、刀、挑馅板、盛器。 |
|---|---|---|
| 原料 | 主料 | 精制面粉 500 克、新鲜羊肉 500 克。 |
| | 辅助原料 | 冷水 275 克、洋葱 200 克、盐 10 克。 |

13

| 加工步骤 | 步骤一:取精制面粉放于案板上,中间开汤坑,加冷水搅拌和成絮状,揉成面团,盖湿布醒发 20 分钟,再揉光揉透,盖湿布醒制备用。<br>步骤二:将新鲜羊肉、洋葱切 0.3 厘米的小丁放入盆中,加盐,搅拌均匀(如果羊肉太瘦可以加入少量的羊尾油)。<br>步骤三:醒好的面团搓条下 30 个剂子,擀皮包入馅料提褶(褶不少于 10 个),捏成包子形生坯。<br>步骤四:成型的包子放入蒸笼,水开蒸制成熟。 |
|---|---|
| 技术关键 | (1)包子皮一定要擀薄。<br>(2)包子收口处留小口。 |
| 类似菜品 | 羊肉蒸饺。 |

 小米面摊花

## 一、小米面摊花的介绍

小米面是山西、内蒙古等地区人们常食的杂粮食物,摊花是用小米面掺入玉米面、小麦面粉等混合发酵后,在电饼铛上摊成的圆形小饼。在 20 世纪中期,小米面、玉米面等杂粮是当地人民的主要粮食。随着人民生活水平的逐渐提高,饮食更丰富,如今在高档宴席、家庭聚餐或日常饮食中,都会制作一些粗粮制品来调剂口

味。小米面摊花表皮棕红，内里金黄，质地暄软，甜酸适口。小米面中蛋白质的含量比大米高，还含有胡萝卜素，维生素 $B_1$ 的含量在粮食中居前列，而且小米也易于被人体消化吸收。中医认为小米味甘，有健胃除湿、清热解渴等功效。小米还有滋阴养血的作用，可以调节女性的虚寒体质，促进体力恢复，民间把小米作为产妇、婴幼儿、患者、老年人调养身体的滋补食品。小米还能减少口腔中细菌的滋生，避免口臭。玉米是粗粮中的保健佳品，玉米面中含有较多的不饱和脂肪酸，可以加速人体内脂肪和胆固醇的代谢，对改善动脉硬化、降低血脂有很好的食疗作用。玉米中的维生素 C 有一定的抗氧化作用，不仅能够减缓机体衰老，还能够增强人体的免疫力。小米面摊花膳食纤维含量特别高，经过发酵后，乳酸菌含量非常丰富，有利于人们的消化吸收，尤其适合孕妇及消化功能不好的人食用。

## 二、小米面摊花的制作

**1 小米面摊花的加工工艺流程**

掺粉→调糊发酵→兑碱→烙制成熟→装盘

**2 小米面摊花的加工制作**

| 加工设备、工具 | | 电饼铛、不锈钢盆、勺子、盛器。 |
| --- | --- | --- |
| 原料 | 主料 | 小米面 200 克。 |
| | 辅助原料 | 玉米面 75 克、精制面粉 75 克、酵种 50 克、碱面 2 克、白糖 50 克、温水 350 克。 |
| 加工步骤 | | 步骤一：将小米面、玉米面、精制面粉倒在一起拌匀。<br>步骤二：将酵种放入不锈钢盆中，加入温水，使酵种溶化，加入搅拌均匀的粉料并搅成糊状，加盖静置发酵 3 小时。<br>步骤三：将碱面加 10 克清水化开，倒入发酵好的面糊中搅拌均匀，再加入白糖搅拌均匀。<br>步骤四：电饼铛加热至 180 摄氏度，盘面擦少许色拉油，用勺子舀约 75 克面糊倒在电饼铛盘上，摊成直径 15 厘米的小圆饼，盖上盖烙至底部棕红熟透，取出装盘。 |

| 技术关键 | （1）杂粮配置无定式，可根据个人口味及喜好灵活调整。<br>（2）面糊不能太稀，掺水量可根据面粉的粗细度、吃水量灵活掌握。<br>（3）兑碱面量以正好或稍欠为好，成品口味酸甜，更具风味。<br>（4）电饼铛盘面擦油要少，以不粘为宜。 |
| --- | --- |
| 类似菜品 | 玉米饼。 |

## 一、炸果条的介绍

内蒙古美食和牛羊肉是分不开的，就算是面食，很多也加入了牛油、羊油、牛奶和黄油，所以热量都很高。炸果条是内蒙古地区蒙餐早点的必备食品，也是蒙古族人民家中的常备食品。炸果条酥脆干香、耐储存、便于携带，有咸味和甜味两种，符合游牧民族人民的饮食习惯。炸果条传承至今，其做法已有很多改良，各地区做法和食用方法也不尽相同，既可以作为早餐搭配奶茶食用也可以当零食，用牛油或羊油炸制的果条更加酥脆可口。炸果条的面粉中含有蛋白质、维生素、膳食纤维，加入的牛奶中也含有营养成分，添加的少量的白糖不仅调节了果条的口味，同时也增加了身体所需能量。作为传热介质的羊油，其熔点在动物油中最高，但消化率比较低，在制作炸果条时掺入羊油，可使制品热量进一步增高，所以羊油炸果条是内蒙古人民冬季喜食的食品。

## 二、炸果条的制作

### ① 炸果条的加工工艺流程

和面→擀面→切条→炸制成熟→装盘

### ② 炸果条的加工制作

| 加工设备、工具 | | 炸锅、擀面杖、刀、盛器。 |
|---|---|---|
| 原料 | 主料 | 精制面粉 500 克。 |
| | 辅助原料 | 蛋液 50 克、黄油 50 克、精盐 10 克、泡打粉 5 克、牛奶 250 克、羊油 1000 克。 |
| 加工步骤 | | 步骤一：取泡打粉加入精制面粉中，搅拌均匀放于案板上，中间开汤坑，将精盐、蛋液放入牛奶中搅匀，再将捏碎的黄油倒入面粉中搅拌和成絮状，揉成面团，盖湿布醒制 20 分钟，将醒好的面团放在案板上反复揉搓，揉光揉透，盖湿布醒至松弛备用。<br>步骤二：将醒好的面团放案板上，用擀面杖将面团擀成 0.5 厘米厚的大片。<br>步骤三：先用刀将擀好的大片切成 6 厘米宽的长条，再切成 0.5 厘米宽的小条备用。<br>步骤四：锅中放入羊油加热至 180 摄氏度，放入切好的果条生坯，炸制时要用筷子不断搅动，使果条受热均匀、颜色一致。<br>步骤五：果条炸至金黄色，捞出装盘。 |
| 技术关键 | | （1）和面时用料和液体原料要准确。<br>（2）和好的面团要醒制，缓醒过程中要反复揉两次。<br>（3）切条时，注意不可过于粗大。<br>（4）炸制时油温一定要达到要求的温度，油温过低会使制品浸油。 |
| 类似菜品 | | 炸套花、炸馓子。 |

## 一、牛油果子的介绍

牛油果子是内蒙古地区蒙餐早点的必备食品,也是独具民族特色的节日面点,逢年过节,寿喜宴上,蒙古族人民都会自制牛油果子款待亲朋好友。牛油果子不同于果条,是用膨松面团炸制而成,甜软可口,奶香味浓。牛油果子是以面粉为主要原料,并在和面时加入酵母、黄油、白油、鸡蛋、牛奶、白糖等,发酵成型后用牛油炸制而成。面团经过发酵后,可提高人体肠道对无机元素的吸收和利用,其中的部分非必需氨基酸可转化为必需氨基酸,满足人体对氨基酸的需求。酵母本身含有多种 B 族维生素,可预防脚气病等 B 族维生素缺乏症。此外,和面时加入的其他配料从多方面补足了主体原料的营养成分,使其营养价值大增。牛油含有多种脂肪酸,能为人体提供热量,牛油中还含有微量元素硒,具有很强的抗氧化能力。

## 二、牛油果子的制作

### 1 牛油果子的加工工艺流程

和面→擀面→成型→炸制成熟→装盘

### 2 牛油果子的加工制作

| 加工设备、工具 | 炸锅、擀面杖、刀、盛器。 |

| 原料 | 主料 | 精制面粉 500 克。 |
|---|---|---|
| | 辅助原料 | 蛋液 50 克、黄油 30 克、白糖 100 克、酸奶 100 克、白油 50 克、泡打粉 8 克、小苏打 2 克、水或牛奶 150 克、牛油 1000 克。 |
| 加工步骤 | | 步骤一：取泡打粉加入精制面粉中，搅拌均匀放于案板上，中间开汤坑，将白糖、蛋液、酸奶、白油、小苏打放入水或牛奶中搅拌均匀，加入黄油捏碎，倒入面粉中和成面团，揉匀揉光，常温醒发 3～4 小时，冷藏醒发 6～8 小时。<br>步骤二：将醒发好的面团放在案板上，擀制成 1 厘米厚的大片。<br>步骤三：将擀好的大片切成长 10 厘米、宽 4 厘米的片，两片叠在一起，中间竖切 4 厘米长的切口，将一头从切口处翻出，抻展成型，整齐摆入托盘内。<br>步骤四：锅中倒牛油，加热至 180 摄氏度，稍抻拉切好的果子生坯，放入油锅内炸制，炸制时用筷子不断搅动，使其受热均匀、颜色一致。<br>步骤五：炸至果子膨松、呈金黄色捞出，装盘。 |
| 技术关键 | | （1）和面的配料要准确，面团不能太软。<br>（2）制作的生坯要大小均匀。<br>（3）入锅炸制时需稍抻拉，再放入油锅。<br>（4）炸制时油温一定要达到要求温度，油温过低会使制品浸油，影响成品质量。 |
| 类似菜品 | | 炸软麻花。 |

**香酥咸焙子**

## 一、香酥咸焙子的介绍

　　焙子是内蒙古呼和浩特地区特有的面点制品,有白焙子、咸焙子、甜焙子、油旋、牛舌头等,形状有方形、圆形、三角形等。香酥咸焙子采用烘烤方式,以小麦面发酵包胡麻油酥制成,有浓浓的胡麻油香味,外干脆、内暄软。胡麻油含有丰富的不饱和脂肪酸,特别是营养价值很高的 α-亚麻酸,其能与人体内的酶发生反应生成二十碳五烯酸和二十二碳六烯酸,可降低高血压、高血脂、糖尿病、心脑血管疾病、风湿性疾病的发病率。香酥咸焙子喷香耐饥、易于消化、便于携带、经济实惠,是外出、旅行的佳品。香酥咸焙子常搭配咸菜、熟食一起食用,口感味道更佳。

## 二、香酥咸焙子的制作

### ❶ 香酥咸焙子的加工工艺流程

和面,调酥→包酥擀制→下剂成型→烤制成熟→装盘

### ❷ 香酥咸焙子的加工制作

| 加工设备、工具 | | 烤箱、擀面杖、刀、盛器。 |
| --- | --- | --- |
| 原料 | 主料 | 精制面粉800克。 |
| | 辅助原料 | 水350克(35摄氏度)、酵母5克、泡打粉5克、小苏打2克、精盐20克、胡麻油150克。 |
| 加工步骤 | | 步骤一:取泡打粉、小苏打放入500克精制面粉中搅拌均匀,放在案板上,中间开汤坑,将5克酵母放入水中搅匀后倒入面粉中搅拌和成絮状,揉成面团,盖湿布醒制30分钟。另在300克精制面粉中加入精盐、胡麻油调制成油酥备用。 |

| 加工步骤 | 步骤二：将醒发好的面团放在案板上，反复揉搓排气 5 分钟，揉好的面团静置松弛 5 分钟，把松弛好的面团压扁，包入调好的油酥，擀成 1 厘米厚的长方形大片，两头向中间对折擀开，再对折擀开成 1 厘米厚的长方形大片，从上向下卷成卷。<br>步骤三：将卷好的卷下 150 克一个的剂子空包，收口成型。<br>步骤四：将成型生坯压扁，擀成直径 20 厘米的圆饼放入烤盘，用刀在圆饼上划两道刀口，刷胡麻油，入烤箱烘烤。<br>步骤五：烤箱加热，上火 280 摄氏度、下火 240 摄氏度，烤制 15 分钟，烤熟后取出装盘。 |
| --- | --- |
| 技术关键 | （1）皮面发酵时间不宜太长，防止发过劲。<br>（2）烤制会挥发水分，调制的酵面不能太硬。<br>（3）皮面和油酥要软硬一致，包油酥要均匀，尽可能保证油酥分布均匀。<br>（4）烤制时控制好温度，时间不能太长，防止烤干。 |
| 类似菜品 | 香酥甜焙子。 |

## 一、酸奶饼的介绍

酸奶是大众喜爱的一种饮品，其酸甜适口、老少皆宜。相传酸奶是一位牧民偶然发明的。一位牧民在夏天去旅行,他想带牛奶在路上喝,于是将牛奶装到羊皮袋子里,由于天气炎热,当他打开羊皮袋子准备喝时,发现牛奶凝固了,而且有一股酸味,他觉得牛奶坏了但没有马上丢掉而是尝了尝,发现味道酸甜可口,就这样酸奶被"偶然"地发明了。如今我们喝的酸奶是牛奶经过人工发酵形成的半固体状食品,带有酸味,可根据个人口味调入糖和蜂蜜。酸奶中所含的蛋白质与牛奶基本相同,不同点在于酸奶中添加了乳酸菌,通过发酵,牛奶中的乳糖分解成半乳糖,能促进消化和吸收。经常喝酸奶可以调节肠道,有利于肠道通畅。酸奶还具有缓解过敏症状、提高免疫力的作用。酸奶饼是将酸奶与面粉巧妙融合创造出的一种蒙古族特色美食。酸奶饼口感松软,奶香浓郁,酸中带甜,营养丰富,易于消化吸收,制作简单而易于成型,无论凉吃热吃都非常好吃,是内蒙古地区深受消费者喜爱的佳品。

## 二、酸奶饼的制作

### ❶ 酸奶饼的加工工艺流程

和面醒发→揉面排气→下剂成型→烙制成熟→装盘

### ❷ 酸奶饼的加工制作

| 加工设备、工具 | | 电饼铛、擀面杖、刮面板、盛器。 |
|---|---|---|
| 原料 | 主料 | 精制面粉 500 克。 |
| | 辅助原料 | 原味酸奶 400 克、白糖 50 克、酵母 5 克、泡打粉 5 克、黄油 50 克。 |
| 加工步骤 | | 步骤一:取泡打粉放入精制面粉中搅拌均匀,放于案板上,中间开汤坑,将酵母、白糖放入原味酸奶中搅拌均匀,再倒入面粉中和成絮状,揉成面团,盖湿布醒发 30 分钟。<br>步骤二:将醒发好的面团放在案板上反复揉搓排气 5 分钟,揉好的面团静置松弛 5 分钟。<br>步骤三:松弛好的面团搓条下 100 克一个的剂子,揉成馒头状,盖湿布醒发 15 分钟。 |

| 加工步骤 | 步骤四:将醒发好的酸奶饼生坯压扁,用擀面杖擀成 1.5 厘米厚的圆饼,表面刷黄油放入电饼铛,下火 150 摄氏度烙制,底部上色后刷油烙另一面,烙熟后取出装盘。 |
| --- | --- |
| 技术关键 | (1)烙制时温度不能太高,要勤翻,防止烙煳。<br>(2)掌握好火候,使饼色一致。 |
| 类似菜品 | 背锅子。 |

# 一、黄油饼的介绍

　　黄油饼是内蒙古人民的特色早餐之一,黄油饼味道独特、醇香,是草原上牧民招待宾客的佳品。黄油饼以雪花粉为主要原料,辅以黄油、白糖、蛋液等制成。雪花粉中的蛋白质虽然含量较高(高于普通面粉),但不属于完全蛋白质,面团中加入黄油弥补了这个不足。黄油可以说是动物油中的“极品”,熔点低而消化率高,黄油中维生素 A、维生素 D 以及磷脂的含量都很高,这也大大提升了黄油饼的营养价值。黄油可以从奶皮中提取,也可以从白油中提取,还可以从鲜奶凝结的油皮中提取。黄油主要含有蛋白质、脂肪、胆固醇、核黄素、钙、磷、钾、钠、铜、锌、铁等营养成分,脂肪能提供能量,维持体温,保护内脏,铜对中枢神经系统和免疫系统的发育有好处,可见黄油饼不仅味道醇香,而且营养丰富。

## 二、黄油饼的制作

### ❶ 黄油饼的加工工艺

和面醒发→揉面排气→下剂成型→烙制成熟→装盘

### ❷ 黄油饼的加工制作

| 加工设备、工具 | | 电饼铛、擀面杖、刮面板、盛器。 |
|---|---|---|
| 原料 | 主料 | 雪花粉 500 克。 |
| | 辅助原料 | 水 250 克、白糖 100 克、蛋液 50 克、酵母 5 克、泡打粉 5 克、黄油 100 克。 |
| 加工步骤 | | 步骤一：取泡打粉放入 500 克雪花粉中搅拌均匀，放于案板上，中间开汤坑，将酵母、白糖、蛋液放入水中搅匀，放入捏碎的黄油并倒入雪花粉中搅拌和成絮状，揉成面团，盖湿布醒发 30 分钟。<br>步骤二：将醒发好的面团放在案板上反复揉搓排气 5 分钟，揉好的面团静置松弛 5 分钟。<br>步骤三：将松弛好的面团搓条下 100 克一个的剂子，揉成馒头形，盖湿布醒发 15 分钟。<br>步骤四：将醒发好的黄油饼生坯压扁，用擀面杖擀成 1.5 厘米厚的圆饼，表面刷黄油，放入电饼铛下火 150 摄氏度烙制，待底部上色刷黄油烙另一面，烙熟后取出装盘。 |
| 技术关键 | | (1)调制的面团要软硬适中，不能太硬。<br>(2)烙制时温度不能太高，要勤翻看，防止烙煳。 |
| 类似菜品 | | 背锅子、酸奶饼。 |

 **杭后肉焙子**

## 一、杭后肉焙子的介绍

内蒙古自治区巴彦淖尔市杭锦后旗,简称杭后,其下辖地区为陕坝镇,所以杭后肉焙子也称陕坝肉焙子。杭后位于河套地区,这里小麦种植历史悠久,是全球三大高原优质小麦黄金产地之一。由于日照充足,再加上黄河水的灌溉,河套地区出产的小麦筋度高、稳定性强。杭后肉焙子是河套地区民间流行的传统食品,相传肉焙子是由馒头、蒸饼演变而来。人们将熟肉夹于馒头、蒸饼中食用,不仅主食副食兼有,而且口感绝佳,后经人们不断改进,逐渐变为外酥脆、内暄软的焙子,夹上熏制的熟肉,形成特有的风味。烙焙子的面粉就是河套地区所产的小麦面粉,制作出的焙子香甜可口、劲道酥脆。采用发酵后的面团所制作的面点不仅风味好,而且营养价值高。发酵面点中所含蛋白质、维生素要高于其他面点制品,且易于消化吸收。上好的猪后腿肉经老汤煮熟再用松柏木锯末熏制,具有特殊的熏香味,这样制作出来的肉晶莹剔透、肥而不腻,吃肉焙子再配上腌制的咸菜、粉汤或砖茶,味道十分鲜美。

## 二、杭后肉焙子的制作

### ❶ 杭后肉焙子的加工工艺流程

和面醒发→制作焙子→煮肉→熏肉→焙子夹肉→装盘

### ❷ 杭后肉焙子的加工制作

| 加工设备、工具 | | 电饼铛、擀面杖、刮面板、猪肉锅、熏肉锅、盛器。 |
|---|---|---|
| 原料 | 主料 | 精制面粉 500 克、猪后腿肉 500 克。 |
| | 辅助原料 | 水 300 克、酵母 5 克、泡打粉 5 克、大葱 200 克、鲜姜 50 克、大蒜 50 克、花椒 10 克、大料 5 克、桂皮 5 克、良姜 5 克、肉蔻 5 克、白蔻 5 克、干辣椒 5 克、精盐 20 克、味精 10 克、老抽 10 克、白糖 30 克、松柏木锯末 30 克。 |

| 加工步骤 | 步骤一：取泡打粉放入精制面粉中搅拌均匀，放于案板上，中间开汤坑，将酵母放入水中搅匀后倒入面粉中搅拌和成絮状，揉成面团，盖湿布醒发 30 分钟。<br><br>步骤二：将醒发好的面团放在案板上反复揉搓排气 5 分钟，把揉好的面团搓条下 100 克一个的剂子，压扁剂子，揪下一块小面头蘸色拉油再放入压扁的剂子中包捏收口，把包好的生坯压扁擀成 1.5 厘米厚的圆饼，放入电饼铛中用低火（200 摄氏度）烙制成熟。<br><br>步骤三：将猪后腿肉洗净，切成 15 厘米见方的块，放入冷水锅中烧开，撇去浮沫，放入葱段、姜片、大蒜、精盐、味精、老抽，将花椒、大料、良姜、桂皮、肉蔻、白蔻、干辣椒装入纱布包，放入锅中大火烧开转小火煮 1.5 小时，成熟后捞出。<br><br>步骤四：熏肉锅放灶上，锅底撒松柏木锯末、白糖，放上锅架，摆上煮好的猪后腿肉，加盖开火烧至冒青烟，关火焖 1 分钟开盖取出。<br><br>步骤五：将熏制好的肉切成 1 厘米大的丁，焙子从中间片开，夹入切好的肉丁，装盘即可。 |
| --- | --- |
| 技术关键 | （1）煮肉时要勤看，不能煮得太过软烂。<br>（2）熏肉时白烟转青烟时立即关火。 |
| 类似菜品 | 肉夹馍、熏肉大饼。 |

## 一、玫瑰饼的介绍

　　玫瑰饼是内蒙古呼和浩特地区的传统早餐面点,其松润柔软、玫瑰香甜,咬下的瞬间玫瑰饼层层叠叠的酥皮就开始碎裂,内里松软绵香,而且完全没有甜腻感。玫瑰饼以面粉、胡麻油、白糖、玫瑰酱为原料制成。玫瑰酱除含糖外,还含有氨基酸、维生素、常量元素和微量元素,以及生长素酶、核酸等多种生物活性成分。《本草纲目》对玫瑰花的功效已有定论,玫瑰花能柔肝气、解郁气、和血、止腹痛。在药性方面,玫瑰花可理气解郁、活血散瘀、解毒消肿。《食物本草》认为,玫瑰花具有利脾肺、益肝胆,辟邪恶之气,食之芳香甘美,令人神爽的功效,所以人们也常将玫瑰花用于缓解由内分泌功能紊乱引起的面部暗疮、色素沉着。活性氧代谢失调,导致体内产生大量自由基,自由基造成人体组织细胞损伤,这是引起机体衰老的根本原因。玫瑰花含有的维生素 C 具有水溶性,具有很好的抗氧化和清除自由基的功能,所以玫瑰花也是驻颜美容、保持青春活力的佳品。

## 二、玫瑰饼的制作

### 1 玫瑰饼的加工工艺流程

和面→调酥→包酥→开酥→下剂成型→烤制成熟→装盘

### 2 玫瑰饼的加工制作

| 加工设备、工具 | | 烤箱、擀面杖、通心槌、刮面板、盛器。 |
|---|---|---|
| 原料 | 主料 | 精制面粉 800 克。 |
| | 辅助原料 | 水 350 克(35 摄氏度)、白糖 150 克、酵母 5 克、泡打粉 5 克、胡麻油 250 克、玫瑰酱 200 克。 |

| | |
|---|---|
| 加工步骤 | 步骤一:取泡打粉放入 500 克精制面粉中搅拌均匀,放于案板上,中间开汤坑,将酵母、50 克白糖、100 克胡麻油放入水中搅匀后倒入面粉中搅拌和成絮状,揉成面团,盖湿布醒发 30 分钟。<br><br>步骤二:将 300 克精制面粉放在案板上,中间开汤坑,放入 100 克白糖、150 克胡麻油搅拌均匀制成糖酥。<br><br>步骤三:把醒发好的面团放在案板上,反复揉搓排气 5 分钟。揉好的面团静置松弛 5 分钟,擀成 1 厘米厚的长方形大片,将糖酥放在一半面皮上,用手按平,将玫瑰酱均匀抹在糖酥上,再将另一半面皮折回盖上边口并捏紧。<br><br>步骤四:将包好糖酥的面皮擀成 1 厘米厚的大片,折三折再擀成 1 厘米厚的大片,从上向下卷起。<br><br>步骤五:把卷好的卷下 100 克一个的剂子,包捏成型,压扁,擀成 1 厘米厚的圆饼放入烤盘,圆饼表面刷胡麻油。<br><br>步骤六:将制好的饼坯放入烤箱,上火 270 摄氏度、下火 240 摄氏度烤 12 分钟,烤熟后取出装盘。 |
| 技术关键 | (1)面皮调制一定要软,太硬会影响口感和成品质量。<br>(2)包酥要均匀,开酥时两手用力要均匀,以免破皮漏酥,要使糖酥分布均匀。 |
| 类似菜品 | 香酥甜焙子。 |

## 一、槽子糕的介绍

　　槽子糕是流行于我国北方地区的传统糕点。槽子糕是利用槽形模具成型烤制而成,所以称为槽子糕。槽子糕历史悠久,可以追溯至明清时期。据传,乾隆皇帝很爱吃槽子糕,尤其喜欢在早膳时食用。根据文献记载,当时皇宫内的糕点房精心制作的槽子糕,除供王公贵族食用外,还作为祭祀祖先的专用贡品。槽子糕用料朴实,由天然原料烘烤而成,味道清淡,软而不滑、久食不腻,糕体松而不散、色泽金黄,保质时间长。槽子糕也是呼和浩特传统早餐点心之一,带胡麻油的香味,具有浓重的地方特色。槽子糕热量、胆固醇含量较高,不宜多食。

## 二、槽子糕的制作

**❶ 槽子糕的加工工艺流程**

　　调制蛋糊→挤入模具→烤制成熟→装盘

**❷ 槽子糕的加工制作**

| 加工设备、工具 | | 烤箱、不锈钢盆、打蛋器、裱花袋、盛器。 |
|---|---|---|
| 原料 | 主料 | 精制面粉500克。 |
| | 辅助原料 | 鸡蛋500克、白糖500克、胡麻油500克。 |
| 加工步骤 | | 步骤一:取鸡蛋打入不锈钢盆中,加入白糖,用打蛋器搅打至糖化开,加入胡麻油搅匀,再加入过筛的精制面粉搅拌至无颗粒。 |
| | | 步骤二:将槽形模具刷油(可用高温纸杯代替),把搅拌好的蛋糊装入裱花袋,挤入槽形模具中(八分满)。 |
| | | 步骤三:将装好蛋糊的槽形模具放入烤箱中,上火220摄氏度、下火200摄氏度烤20分钟。 |
| | | 步骤四:烤熟后取出烤盘,将槽子糕扣出,冷却后装盘。 |

| 技术关键 | (1)胡麻油和白糖搅至糖完全溶化,再加入其他原料。<br>(2)加入面粉后搅拌均匀,无干粉颗粒即可,搅打时间不能过长,以免上劲。 |
| --- | --- |
| 类似菜品 | 香蕉蛋糕、贝壳蛋糕。 |

 赤峰对夹

## 一、赤峰对夹的介绍

　　对夹是赤峰地区的一种用烧饼夹熏肉的特色食品。1917年,河北人苏文玉、苏德标父子来赤峰做买卖,为了生活,父子俩便卖烧饼。苏德标曾在裕盛楼做学徒,学会了宫廷御膳熏肉技术。后来受到老家驴肉火烧的启发,他们便将赤峰当地非常有名的哈达火烧与驴肉火烧、宫廷御膳熏肉技术融合,创造出了一种具有独特工艺和风味的夹肉烧饼,起名为对夹。对夹一问世便受到大家的喜爱,自此对夹作为赤峰地区特色小吃便流行起来。第一家专卖对夹的店位于头道街,起名为复生隆。复生隆面世后,赤峰的大街小巷出现了多家对夹店,星罗棋布,各有特色。苏文玉非常珍惜自己投入心血经营起来的品牌,临终前嘱咐儿子,掌柜可以换但牌匾不能换。苏文玉第四代子孙曾把复生隆的分号开到了北京宣武区枣林西街,在长期的经营实践中,复生隆形成了独有的小吃文化。后来专门经营对夹的店越来越多,如城南对夹、福兴楼对夹、满贺对夹、大唐对夹、宴宾楼对夹等,2003年,在南昌举办

*Note*

的第十三届中国厨师节上,福兴楼对夹作为内蒙古地区参展品,在参赛队伍中脱颖而出,被中国烹饪协会认定为"中国名点"。

　　赤峰对夹的主要用料有面粉、小米面、猪油、熏肉等。皮料面粉的营养成分和小米面粉的营养成分互补,提高了营养价值。猪肉焖煮熟烂后用特殊原料和工艺熏制,不仅具有独特的熏香味,其中含有的优质蛋白和必需脂肪酸,进一步增强了制品的营养价值。

## 二、赤峰对夹的制作

### ❶ 赤峰对夹的加工工艺流程

和面→调制油酥→抹酥成型→烙制→煮肉→熏肉→焙子夹肉→装盘

### ❷ 赤峰对夹的加工制作

| 加工设备、工具 | | 电饼铛、擀面杖、刮面板、猪肉锅、熏肉锅、盛器。 |
|---|---|---|
| 原料 | 主料 | 精制面粉 500 克、猪后腿肉 500 克。 |
| | 辅助原料 | 小米面 150 克、猪油 150 克、冷水 250 克、大葱 200 克、鲜姜 50 克、大蒜 50 克、花椒 10 克、大料 5 克、桂皮 5 克、良姜 5 克、肉蔻 5 克、白蔻 5 克、干辣椒 5 克、精盐 25 克、味精 10 克、老抽 10 克、茶叶 30 克、白糖 30 克、小米 30 克。 |
| 加工步骤 | | 步骤一:取精制面粉放在案板上,中间开汤坑,将 5 克精盐放入水中搅匀倒入面粉中搅拌和成絮状,揉成光滑面团,盖湿布醒面 2 小时。<br>步骤二:将小米面倒在案板上,中间开汤坑,加入猪油调制成油酥备用。<br>步骤三:将醒好的面团放在案板上,擀成 0.5 厘米厚的长方形大片,将调制好的油酥均匀地抹上一层,然后由上向下卷成筒状,揪 50 克一个的剂子,逐个将剂子收口、压扁,擀成直径 8 厘米的小圆饼,电饼铛低火加热到 200 摄氏度,将小圆饼正面抹猪油放入电饼铛烙制 1 分钟,待表面上色后翻烙另一面,烙至两面金黄后取出。 |

*Note*

| | |
|---|---|
| 加工步骤 | 步骤四：将猪后腿肉洗净，切成 15 厘米见方的块放入冷水锅中，烧开撇去浮沫，放入葱段、姜片、大蒜、精盐、味精、老抽，将花椒、大料、良姜、桂皮、肉蔻、白蔻、干辣椒装入纱布包，放入锅中大火烧开，转小火煮 1.5 小时，煮熟后捞出。把熏肉锅放灶上，锅底撒茶叶、白糖、小米，放上锅架，摆上煮好的猪后腿肉，加盖，开火烧至冒青烟，关火闷 1 分钟，开盖取出。<br><br>步骤五：将熏制好的肉切成 2 厘米的片，小圆饼从侧边开口夹入切好的肉片约 15 克，装盘即可。 |
| 技术关键 | （1）和面时要反复揉匀揉透。<br>（2）擀片要均匀，抹酥要一致。<br>（3）煮肉时要勤看，不能煮得太过软烂。<br>（4）熏肉时白烟转青烟时立即关火。 |
| 类似菜品 | 驴肉火烧、熏肉大饼。 |

烫面油香

## 一、烫面油香的介绍

油香是回族、东乡族、撒拉族的传统面食。从饮食文化演化的角度看，油香最早为波斯地区的待客食品，后传入我国。每当回族的传统节日来临之际，几乎家家

Note

都要炸油香、果子和馓子。当回族人民家中有尊贵的客人到来,或是给家中的孩子贺满月过生日时,也都要炸油香、吃回族家宴以示庆贺。在回族饮食发展及其与汉族饮食文化融合的过程中,油香也派生出了许多的品种。油香的用料、做法各异。呼和浩特市老城区流传的油香,从用料、制作工艺到形状简单且朴实,但素香清甜而受人青睐,不仅在民间小馆,在各酒店、宴会上也常能看到油香。

## 二、烫面油香的制作

### ❶ 烫面油香的加工工艺流程

和面→下剂成型→炸制成熟→装盘

### ❷ 烫面油香的加工制作

| 加工设备、工具 | | 灶具、不锈钢小盆、擀面杖、盛器。 |
| --- | --- | --- |
| 原料 | 主料 | 精制面粉 250 克。 |
| | 辅助原料 | 色拉油 500 克(约耗 50 克)、白糖 50 克、炼乳 50 克、沸水 180 克。 |
| 加工步骤 | | 步骤一:将沸水徐徐冲入精制面粉中,边冲边搅拌成不规则的块状,散尽热气后揉匀揉透成滋润、光滑的面团。<br>步骤二:将面团搓条,揪 10 个剂子,将剂子滚圆后分别擀成直径 15 厘米的薄饼。<br>步骤三:将色拉油倒入锅内,上火烧至 180 摄氏度时,分别下入薄饼,当薄饼表面起泡后将其翻面,炸至两面都呈浅黄色时捞出,气泡面朝上,装盘并撒上白糖,上桌时跟带炼乳。 |
| 技术关键 | | (1)面团不宜过硬,但也不能太软,具体的吃水量要依面粉的质量以及环境温度而定。<br>(2)成型时,要注意大小一致,薄而均匀、圆而周正。<br>(3)炸制时要恰当掌握油温。油温过低,制品浸油,气泡不起发;油温过高,则制品上色深,外皮酥,易破损。 |
| 类似菜品 | | 炸油饼。 |

 白焙子

## 一、白焙子的介绍

　　焙子是呼和浩特地区一种烘烤成熟的发面饼,类似于河北的火烧、山东的烧饼,其形制比较大,无论哪一种焙子都是以 500 克面粉做 5 个,即 100 克面粉一个。焙子历史悠久,传承不衰,因经济实惠、风味别致,深受百姓的喜爱。白焙子就是用比较硬的半发面,不加任何配料和调料,先烙后烤而制成的。按照呼和浩特人民的饮食习惯,无论春夏秋冬,白焙子搭配羊杂碎,都是人们早餐的首选。白焙子在食用时多与烹调加工后的荤、素原料搭配,如在片开的白焙子中加蔬菜、熟肉、酱豆腐,还有煮制的麻辣豆制品,或佐羊杂汤食用,这样既弥补了面粉中脂肪、蛋白质和维生素的不足,又满足了食客不同口味的需求。所以白焙子是呼和浩特地区人们非常喜爱的一种主食。

## 二、白焙子的制作

### ❶ 白焙子的加工工艺流程

　　和面→下剂成型→烙制定型→烤制成熟→装盘

### ❷ 白焙子的加工制作

| 加工设备、工具 | 烤箱、电饼铛、擀面杖、盛器。 |
| --- | --- |

| 原料 | 主料 | 精制面粉 500 克。 |
|---|---|---|
| | 辅助原料 | 水 200 克（35 摄氏度）、酵母 3 克、泡打粉 2 克、小苏打 1 克。 |
| 加工步骤 | | 步骤一：取泡打粉、小苏打放入 500 克精制面粉中搅拌均匀，放在案板上，中间开汤坑，将酵母放入水中搅匀后倒入面粉中搅拌和成絮状，揉成较硬的面团，盖湿布醒发 30 分钟。<br>步骤二：将醒发好的面团放在案板上，反复揉搓排气 5 分钟，揉好的面团静置松弛 5 分钟，分成 5 个剂子，将每个剂子都揉成光滑的馒头形，压扁，擀成直径 15 厘米的圆饼。<br>步骤三：电饼铛加热至 180 摄氏度，放入擀好的圆饼，烙至一面定型、微微发黄后翻烙另一面，两面都微微发黄、定型后铲出放入烤盘。<br>步骤四：烤箱加热，上火 270 摄氏度、下火 230 摄氏度，烤制 12 分钟，烤熟后装盘。 |
| 技术关键 | | （1）加水量要根据面粉的质地灵活调整，面团调制不可太软，否则失去其风味特点。<br>（2）下剂后多揉，使上劲有层次，也是保证其口感的关键。<br>（3）烙制时温度不能过高，上色不能太重。<br>（4）要掌握好面团静置发酵的时间，不能使面团发得太大，静置时间一般不超过 30 分钟。 |
| 类似菜品 | | 香酥甜焙子。 |

 **红糖方酥**

## 一、红糖方酥的介绍

红糖方酥是用发酵面做皮面,红糖加面粉混合本地胡麻油调制成糖酥,皮面包酥,开酥下剂后经擀叠定型成方形而命名。红糖方酥是一种较为经济实惠的大众食品,因其口味变化多,棱角分明,外酥松、内暄软,口感香甜油润,备受消费者青睐,是呼和浩特人民非常喜爱的面食之一。

红糖方酥主要以面粉为原料,配以适当量的胡麻油和红糖。面团经过酵母发酵后,部分非必需氨基酸转化为必需氨基酸,可满足人体对氨基酸的需求。同时酵母本身含有多种 B 族维生素,使得发酵面团制品中 B 族维生素的含量有所提高,可预防脚气病及多种 B 族维生素缺乏症,另外胡麻油中含有对人体有益的不饱和脂肪酸和维生素 E,有抗氧化的作用。红糖中的铁元素有祛风寒、补血益气、增强免疫力的作用。红糖方酥可作为早餐,搭配牛奶或豆浆等高蛋白食品食用。

## 二、红糖方酥的制作

### ❶ 红糖方酥的加工工艺流程

和面→调酥→包酥擀制→下剂成型→烤制成熟→装盘

### ❷ 红糖方酥的加工制作

| 加工设备、工具 | | 烤箱、擀面杖、盛器。 |
|---|---|---|
| 原料 | 主料 | 精制面粉 800 克。 |
| | 辅助原料 | 水 350 克(35 摄氏度)、酵母 5 克、泡打粉 5 克、小苏打 2 克、红糖 150 克、胡麻油 150 克。 |

| | |
|---|---|
| 加工步骤 | 步骤一：取泡打粉、小苏打放入500克精制面粉中搅拌均匀，放在案板上，中间开汤坑，将5克酵母放入水中搅匀后倒入面粉中搅拌和成絮状，揉成面团，盖湿布醒发30分钟。另在300克精制面粉中加入红糖、胡麻油调制成红糖酥备用。<br><br>步骤二：将醒发好的面团放在案板上，反复揉搓排气5分钟，揉好的面团静置松弛5分钟，把松弛好的面团压扁，包入调好的红糖酥，擀成1厘米厚的长方形大片，两头向中间对折擀开，再对折擀开成1厘米厚的长方形大片，从上向下卷成卷。<br><br>步骤三：将卷好的卷下150克一个的剂子，取一个剂子竖向擀成长条，叠三折，再竖向擀开，再叠三折定型成长方形生坯。<br><br>步骤四：将成型生坯表面刷油摆入烤盘。烤盘加热，上火240摄氏度、下火220摄氏度，烤制15分钟，待表面棕红熟透后取出装盘。 |
| 技术关键 | （1）面团调制不能太硬，具体用水量根据面粉质量和周围环境温度而定。<br>（2）皮面和红糖酥调制的软硬度要一致。<br>（3）开酥要均匀，擀叠时棱角要对齐，保证形态完整、层次清晰。<br>（4）摆盘时生坯之间不留空隙，可使成熟的制品棱角更整齐。<br>（5）烤箱温度不能过低，高温可以使制品尽快成熟。 |
| 类似菜品 | 香酥甜焙子。 |

模块二

# 正餐、主食类面点制品

**知识目标**

了解内蒙古地区正餐、主食类面点制品的制作及特点。

## 一、莜面窝窝的介绍

莜面由莜麦加工而成。在山西,莜面窝窝又被称为栲栳栳。莜麦是内蒙古武川县特产,武川县由南至北地形逐渐低缓,东、西、南三面环山构成了盆地,气候属于温带大陆性季风气候,非常适宜莜麦的种植。莜面食品是深受老百姓喜爱的风味食品,莜面粗蛋白含量高达 15.6%,脂肪含量达 8.5%,高于其他粮食作物。莜面可以有效降低人体中的胆固醇,中老年人经常食用莜面可对心脑血管疾病起到一定的预防作用。莜面还可以改善血液循环,缓解生活、工作中的压力。莜面中含有钙、磷、铁、核黄素等多种人体所需的营养素,有预防骨质疏松、促进伤口愈合、防止贫血的功效。莜面细腻、亮泽、有弹性,口感柔韧爽滑。莜面的食用方法很多,可蒸、可煮、可烙、可炒、可凉拌,其中蒸莜面是最常见,也是吃法最多的。莜面是人们四季常食、食之不厌的健康美食。

## 二、莜面窝窝的制作

**1 莜面窝窝的加工工艺流程**

和面→制作莜面窝窝→炒卤→蒸制成熟

**2 莜面窝窝的加工制作**

| 加工设备、工具 | 笼屉、刀、不锈钢盆、炒锅、炒勺、盛器。 |
|---|---|

| 原料 | 主料 | 莜面 500 克。 |
|---|---|---|
| | 辅助原料 | 猪肉 200 克、土豆 200 克、平菇 50 克、葱花 20 克、蒜末 10 克、沸水 450 克、清水 500 克、精盐 10 克、酱油 10 克、花椒粉 2 克、胡麻油 30 克。 |
| 加工步骤 | | 步骤一：将莜面放入不锈钢盆中，一边倒入沸水一边搅拌均匀，和成面团，采用搋捣的方式反复揉面团到起筋的状态，盖湿布醒面 10 分钟。<br>步骤二：揪 8 克左右一个的剂子，在光滑的石板上揉圆，然后向前搓，力度要均匀，搓成薄片后用右手食指将薄片卷成筒状，一个挨着一个整齐地摆放在笼里，放满后整体看上去似蜂窝。<br>步骤三：将猪肉切成 0.5 厘米的小丁，将平菇、土豆切成 1 厘米的丁，炒锅上火加入胡麻油烧热，放入猪肉丁煸炒至发白，依次加入葱花、蒜末、酱油、花椒粉、精盐炒出香气，放入平菇、土豆翻炒均匀，加入清水，烧开转小火熬至土豆软烂熟透即可。<br>步骤四：蒸锅放水烧开后，放上装有莜面窝窝的笼屉，旺火足气蒸 8 分钟即成，食用时将熬好的汤料盛入碗中，取莜面窝窝与汤料调拌食用。 |
| 技术关键 | | （1）莜面调制时的用水量根据莜面的吸水量灵活调整。<br>（2）制作的莜面窝窝要薄厚一致，否则影响成熟及口感。<br>（3）蒸莜面窝窝一定要旺火足气。 |
| 类似菜品 | | 莜面鱼鱼。 |

**莜面鱼鱼**

# 一、莜面鱼鱼的介绍

参见"莜面窝窝"的介绍。

# 二、莜面鱼鱼的制作

## ❶ 莜面鱼鱼的加工工艺流程

和面→制作莜面鱼鱼→制作料汁→蒸制成熟

## ❷ 莜面鱼鱼的加工制作

| 加工设备、工具 | | 蒸锅、蒸笼、不锈钢盆、盛器。 |
|---|---|---|
| 原料 | 主料 | 莜面500克。 |
| | 辅助原料 | 沸水450克、土豆300克、茄子2个、黄瓜150克、豆角100克、香菜30克、葱花30克、大蒜15克、精盐10克、酱油20克、鸡精5克、香醋30克、整花椒粒20粒、胡麻油50克、凉开水300克。 |
| 加工步骤 | | 步骤一：将莜面放入不锈钢盆中，一边倒入沸水一边搅拌均匀，和成面团，采用摭捣的方式反复揉面团到起筋的状态，盖湿布醒面10分钟。 |
| | | 步骤二：取三块30克的莜面剂子放在案板上，搓成细条放入笼屉内，笼屉底部铺满即可，也可以用饸饹床子压制。 |
| | | 步骤三：茄子用小火煨烤熟后切剁成5厘米的段；黄瓜洗净切成丝；香菜洗净切成3厘米的段；豆角洗净掰成5厘米的段下沸水锅中焯熟；土豆去皮洗净切成1厘米的片上笼蒸制成熟。炒锅上火放入胡麻油烧热，放入整花椒粒炸出香味捞出，再放入葱花、大蒜炝出香味并倒入盆中，加入黄瓜、茄子、香菜、精盐、鸡精、酱油、香醋、凉开水搅拌均匀。 |

*Note*

| 加工步骤 | 步骤四:蒸锅放水烧开,放上装有莜面鱼鱼的笼屉,旺火足气蒸8分钟即成,食用时将调好的蘸料盛入碗中,取莜面鱼鱼与汤料调拌食用。 |
| --- | --- |
| 技术关键 | (1)莜面调制时的用水量根据莜面的吸水量灵活调整。<br>(2)制作的莜面鱼鱼要粗细均匀、一致,否则影响成熟及口感。<br>(3)蒸莜面鱼鱼一定要旺火足气。 |
| 类似菜品 | 莜面窝窝。 |

# 一、莜面顿顿的介绍

参见"莜面窝窝"的介绍。

# 二、莜面顿顿的制作

**1 莜面顿顿的加工工艺流程**

和面→制作莜面顿顿→调制蘸汁→蒸制成熟

**2 莜面顿顿的加工制作**

| 加工设备、工具 | | 擀面杖、刀、蒸锅、蒸笼、盛器。 |
|---|---|---|
| 原料 | 主料 | 莜面500克。 |
| | 辅助原料 | 沸水450克、土豆600克、水萝卜100克、黄瓜150克、豆角100克、香菜30克、胡萝卜50克、韭菜50克、葱花30克、大蒜15克、精盐10克、酱油20克、鸡精5克、香醋30克、整花椒粒20粒、胡麻油50克、凉开水300克。 |
| 加工步骤 | | 步骤一：将莜面放入不锈钢盆中，一边倒入沸水一边搅拌均匀，和成面团，采用搋捣的方式反复揉面团到起筋的状态，盖湿布醒面10分钟。 |
| | | 步骤二：土豆去皮，洗净切丝，放入水盆中清洗，捞出，沥干水分；胡萝卜去皮切丝；韭菜洗净切3厘米的段。将莜面搓揉滋润，擀成0.3厘米厚的长方形大面片，将沥干水分的土豆丝均匀地平铺在面片上，再将胡萝卜丝、韭菜段均匀地撒在上面，由上向下卷成直径6厘米的长条卷，切成5厘米长的段，逐个竖起摆放入笼屉内。 |
| | | 步骤三：水萝卜洗净，切丝；黄瓜洗净，切丝；香菜洗净，切成3厘米的段；豆角洗净，掰成5厘米的段，下沸水锅中焯熟。炒锅上火放入胡麻油烧热，放入整花椒粒炸出香味捞出，再放入葱花、大蒜炝出香味倒入盆中，加入黄瓜、水萝卜、香菜、精盐、鸡精、酱油、香醋、凉开水搅拌均匀。 |
| | | 步骤四：蒸锅放水烧开后，放上装有莜面顿顿的笼屉，旺火足气蒸10分钟即成，食用时将调好的蘸料盛入碗中，取莜面顿顿蘸汤料食用。 |
| 技术关键 | | (1)莜面调制时的用水量根据莜面的吸水量灵活调整。<br>(2)擀皮时尽量擀得薄一点，越薄吃起来口感越好。<br>(3)卷条要紧，粗细要均匀，切段长短要一致。<br>(4)蒸莜面顿顿一定要旺火足气。 |
| 类似菜品 | | 莜面饺饺。 |

*Note*

## 一、莜面饺饺的介绍

参见"莜面窝窝"的介绍。莜面饺饺以莜面做皮，包以各种荤素馅心制作而成，是莜面系列制品的精品之一。

## 二、莜面饺饺的制作

**1** 莜面饺饺的加工工艺流程

和面→调制馅料→成型→蒸制成熟

**2** 莜面饺饺的加工制作

| 加工设备、工具 | | 蒸锅、蒸笼、刀、不锈钢盆、盛器。 |
|---|---|---|
| 原料 | 主料 | 莜面 500 克。 |
| | 辅助原料 | 沸水 500 克、土豆淀粉 100 克、猪肉 150 克、土豆 400 克、韭菜 150 克、鲜姜 10 克、花椒粉 2 克、大料粉 2 克、干姜粉 3 克、精盐 10 克、鸡精 5 克、胡麻油 30 克。 |

| | |
|---|---|
| 加工步骤 | 步骤一:将莜面放入不锈钢盆中,一边倒入沸水一边搅拌均匀,和成稍软的面团,再将土豆淀粉撒入,擩捣均匀,揉成面团。<br><br>步骤二:猪肉切成0.4厘米的小丁,鲜姜去皮切成米粒大小的丁后与猪肉一同放入盆中,加入花椒粉、大料粉、干姜粉、精盐、鸡精搅拌均匀。土豆去皮洗净,切成0.6厘米的丁,过凉水淘洗,再入沸水锅中煮至七成熟,捞出晾凉。韭菜洗净顶刀切碎,和晾凉的土豆丁一起放入盆中,加入胡麻油搅拌均匀,再加入调制好的猪肉搅匀即可。<br><br>步骤三:将面团揉搓光润,揪30克一个的剂子,逐个擀成直径10厘米如小碟子状的圆皮,左手托皮右手放入馅心,对折捏成饺子状(捏合口也可推花边),摆入蒸笼内。<br><br>步骤四:蒸锅放水烧开后,放上装有莜面饺饺的笼屉,旺火蒸12分钟即成。 |
| 技术关键 | (1)莜面调制时的用水量根据莜面的吸水量灵活调整。<br>(2)莜面皮易破损,擀皮时一定要注意,在民间常采用手工捏皮。<br>(3)馅不能包得太满,馅太满容易裂口破损,影响成品质量。<br>(4)蒸莜面饺饺一定要旺火足气。 |
| 类似菜品 | 莜面顿顿。 |

 莜面煮鱼子

## 一、莜面煮鱼子的介绍

参见"莜面窝窝"的介绍。

## 二、莜面煮鱼子的制作

**1 莜面煮鱼子的加工工艺流程**

和面→炒面卤→搓莜面鱼子→煮制成熟→装碗

**2 莜面煮鱼子的加工制作**

| 加工设备、工具 | | 刀、煮面锅、炒锅、炒勺、盛器。 |
|---|---|---|
| 原料 | 主料 | 莜面 500 克。 |
| | 辅助原料 | 沸水 300 克、猪五花肉 200 克、猪油 50 克、酸菜 300 克、土豆 200 克、大料 2 克、精盐 5 克、味精 5 克、大葱末 10 克、蒜末 10 克、香菜末 5 克、猪大骨汤 500 克。 |
| 加工步骤 | | 步骤一：将莜面放在案板上，中间开汤坑，加入沸水搅拌和成絮状，用搋制法和揉制法把面团揉至光滑。<br>步骤二：将和好的莜面团揪一个小剂子，放在掌心，双手合拢将剂子搓成两头尖、长寸许的莜面鱼子。<br>步骤三：猪五花肉切成 0.5 厘米的小丁；酸菜切丝用清水浸泡 10 分钟以降低酸菜的盐度和酸度，捞出，挤尽水分备用。炒锅上火，放入猪油烧热，放入切好的猪五花肉丁煸炒至发白，加入大料、大葱末、蒜末，炒出香味，倒入猪大骨汤烧开，放入土豆煮至绵软，放入酸菜、莜面鱼子，加精盐、味精调味，转小火炖煮 5～10 分钟。<br>步骤四：煮好装碗，撒上香菜末。 |

*Note*

| 技术关键 | （1）调制的面团不能太硬。 |
| --- | --- |
|  | （2）煮的时间不能太短以免夹生。 |
| 类似菜品 | 煮麻食。 |

## 一、莜面馈儡的介绍

参见"莜面窝窝"的介绍。

## 二、莜面馈儡的制作

**❶ 莜面馈儡的加工工艺流程**

原料初加工→调制面疙瘩→炒制成熟→装盘

**❷ 莜面馈儡的加工制作**

| 加工设备、工具 | 擀面杖、刀、蒸锅、炒锅、炒勺、盛器。 |
| --- | --- |

| 原料 | 主料 | 莜面 500 克、土豆 500 克。 |
|---|---|---|
| | 辅助原料 | 胡麻油 100 克、精盐 5 克、味精 5 克、大葱末 50 克。 |
| 加工步骤 | | 步骤一：土豆上锅蒸熟后倒入盆中用擀面杖捣碎，掺入莜面搓拌均匀成小疙瘩，即馈儡。<br>步骤二：锅中放胡麻油，油热放大葱末炒出香味，再放入拌好的馈儡炒香、炒干，加精盐、味精调味，翻炒均匀装盘即可。 |
| 技术关键 | | （1）土豆不能捣成泥。<br>（2）大葱末和胡麻油不要太少。 |
| 类似菜品 | | 炒磨擦擦。 |

## 一、山药鱼子的介绍

　　山药鱼子是以莜面、山药为主料，以猪肉、酸菜等为辅料制作而成的美食。山药在这里指的是土豆，又名山药蛋、洋山芋、香山芋、阳芋、地蛋等。在不同国家，其称谓也不一样，如在美国称为爱尔兰豆薯、在俄罗斯称为荷兰薯、在法国称为地苹果、在德国称为地梨、在意大利称为地豆等。山药块茎含有大量的淀粉，能为人体提供丰富的热量。山药富含蛋白质、氨基酸及多种维生素、矿物质,其含有的维生素是所有粮食作物中最全的。在欧美国家,特别是北美国家,山药早已成为第二主食。中国山药的主产区是甘肃定西市、宁夏固原市、西南地区、内蒙古和东北地区,其中西南地区的播种面积最大。山药的营养丰富而齐全,维生素 C(抗坏血酸)含量很高,蛋白质、糖类含量又大大超过一般蔬菜。山药营养齐全,结构合理,其蛋白质分子结构与人体所含的基本一致,极易被人体吸收利用。甚至有营养学家指出,每餐只吃山药和全脂牛奶就可获得人体所需的全部营养元素。可以说,山药是接近全价的营养食物。

## 二、山药鱼子的制作

### 1 山药鱼子的加工工艺流程

和面→搓山药鱼子→蒸熟→炒面卤→装碗

### 2 山药鱼子的加工制作

| 加工设备、工具 | | 擀面杖、刀、蒸锅、炒锅、炒勺、盛器。 |
| --- | --- | --- |
| 原料 | 主料 | 莜面 500 克、山药 500 克。 |
| | 辅助原料 | 猪五花肉 200 克、猪油 50 克、酸菜 300 克、大料 2 克、精盐 5 克、味精 5 克、大葱末 10 克、蒜末 10 克、香菜末 5 克、猪大骨汤 500 克。 |
| 加工步骤 | | 步骤一:山药上锅蒸熟后倒入盆中,用擀面杖捣至起劲,掺入莜面,用揣制法和揉制法把面团调制成团,揉光滑。<br>步骤二:将和好的莜面团揪一个小团,放在掌心,双手合拢将小团搓成两头尖,宽 3 厘米、长 5~6 厘米的山药鱼子,上锅蒸熟。<br>步骤三:猪五花肉切成 0.5 厘米的小丁;酸菜切丝用清水浸泡 10 分钟以降低酸菜的盐度和酸度,捞出,挤尽水分备用。炒锅上火,放入猪油烧热,放入切好的猪五花肉丁煸炒至发白,放入酸菜丝炒出香味,加入大料、大葱末、蒜末,炒出香味,倒入猪大骨汤烧开,加精盐、味精调味,转小火炖煮 5 分钟。<br>步骤四:山药鱼子装碗,浇上面卤,撒上香菜末。 |

| 技术关键 | （1）调制的面团不能太硬。<br>（2）煮的时间不能太短以免夹生。 |
| --- | --- |
| 类似菜品 | 莜面鱼鱼。 |

千层饼

# 一、千层饼的介绍

千层饼又称为千层酥饼，经过包酥、擀叠、切丝、盘饼等多道制作工序制成，千层饼层层叠叠，入口酥香。因用手抓千层饼中间的饼丝能将饼盘旋拎起，有的地方也称为手抓饼。千层饼是在传统面点的基础上经过面点师不断地改进、实验而制成的一款面点新品。千层饼圆而膨松，层次较多，口感酥香油润，味美而悠长。千层饼的主要配料是胡麻油，胡麻油一种营养丰富的食用油脂。盐被称为百味之首，不仅具有调味的功能，还是人体所需的钠、钾、碘的重要来源。千层饼虽然用料简单，但营养价值却不低，佐食各种荤素菜肴，不仅可口，营养也丰富。千层饼因用沸水和面制成，所以具有柔润软韧的舒适口感。千层饼工艺难度不高，是饭店的常备主食。

## 二、千层饼的制作

**1** 千层饼的加工工艺流程

和面调酥→包酥擀叠→切条成型→烙制成熟→装盘

**2** 千层饼的加工制作

| | | |
|---|---|---|
| 加工设备、工具 | | 电饼铛、擀面杖、刀、不锈钢盆、盛器、刮板。 |
| 原料 | 主料 | 精制面粉 750 克。 |
| | 辅助原料 | 水 300 克、胡麻油 200 克,精盐 10 克、猪油 15 克。 |
| 加工步骤 | | 步骤一:把 500 克精制面粉放入不锈钢盆中,将水烧开倒入精制面粉中搅拌均匀,稍凉后加入猪油搋揉,制成滋润光滑的烫面面团。将 250 克精制面粉放入不锈钢盆中,加入精盐、胡麻油,调和均匀制成油酥。<br><br>步骤二:将烫面面团擀成 0.5 厘米厚的长方形大面片,把调好的油酥倒上去,用刮板刮抹均匀,叠成三层,再擀成 1 厘米厚的面片。<br><br>步骤三:将擀好的面片切成 0.5 厘米宽的条,每 5 条一组,用手抓住条的两端,抻长后两头同时向中间盘卷成圆形饼坯。<br><br>步骤四:电饼铛加热至 200 摄氏度淋色拉油,将盘好的饼坯擀成直径 20 厘米的圆饼放入电饼铛中,圆饼表面刷色拉油,等上色后翻过来,均匀烙制,两面呈金黄色取出,用双手簇推使饼丝膨松起来,然后装入盘中。 |
| 技术关键 | | (1)水开后要稍散热气再烫制面团,烫好的面团也要散尽热气再揉成团,保证面团中没有郁积热气,否则影响面团质地。<br><br>(2)包好油酥的面坯不能擀得太薄,不能切得太细,因为还要抻拉,否则容易断条影响制品品质。<br><br>(3)掌握好火候,饼面刷油不宜过多,以保证良好的口感和色泽。 |
| 类似菜品 | | 家常饼。 |

 脂油饼

## 一、脂油饼的介绍

　　脂油饼是内蒙古中部地区的一道传统面点制品,它是用水调面团包裹脂油丁,卷制成饼,在煎烙的过程中油脂熔化,能使成品晶莹油亮。动物油脂与植物油脂相比,有不可替代的特殊香味,可以增进人的食欲,猪板油中含有多种脂肪酸,其中饱和脂肪酸与不饱和脂肪酸的含量相当,具有一定的营养价值,脂油饼虽好吃但因其油脂量偏高,不符合现代人的养生观念,建议少食。

## 二、脂油饼的制作

**❶ 脂油饼的加工工艺流程**

和面→调制猪板油→包制成型→烙制成熟→装盘

**❷ 脂油饼的加工制作**

| 加工设备、工具 | | 电饼铛、刀、不锈钢盆、铲子盛器。 |
| --- | --- | --- |
| 原料 | 主料 | 精制面粉500克。 |
| | 辅助原料 | 温水300克、猪板油150克、小葱100克、精盐10克、花椒粉2克。 |

| 加工步骤 | 步骤一：将精制面粉倒入不锈钢盆中，徐徐地倒入温水，用筷子将精制面粉与水充分搅拌均匀，形成没有干粉的细小面絮，揉成面团，蘸水反复掇捣成光滑面团，在面团表面抹油，用保鲜膜封好盆口醒制 30 分钟至面团光滑且不粘盆。<br><br>步骤二：猪板油用温水清洗干净，控干水分，放在案板上，用刀切成 0.3 厘米的小丁，留下一块猪板油备用；把切好的猪板油丁放在干净无水的不锈钢盆中，把小葱洗净切成葱花，和猪板油丁放在一起，加入精盐、花椒粉，用筷子充分搅拌。<br><br>步骤三：案板上均匀地撒上少许面粉，把醒好的面团放在案板上，用擀面杖擀成 0.5 厘米厚的长方形大面片，把调好的葱花猪板油馅均匀地撒在面片上，由上向下卷成圆筒状，然后分成 100 克一个的剂子，用双手将揪好的饼剂子的两个端口处捏合，抻长，从两边向中间盘卷，叠压在一起制成饼坯。<br><br>步骤四：电饼铛加热至 180 摄氏度，把剩下的一块猪板油放在锅中，用铲子压着猪板油在电饼铛里来回画圈移动，猪板油熔化成猪油，均匀地布满电饼铛，将饼坯擀成若干个直径 20 厘米的圆饼，逐个放入电饼铛中，烙至一面金黄色时翻烙另一面，直到两面都呈金黄色取出装盘。 |
|---|---|
| 技术关键 | （1）制作脂油饼须用温水和面，灵活掌握用水量。<br>（2）向面粉中倒入温水时不要一次全部倒入，要分次慢慢地加水，这样有利于控制面团的干湿度。<br>（3）面团要和得软一点，这样制好的饼才会松嫩。<br>（4）洗好的猪板油一定要控干水分，再进行后面的处理。<br>（5）烙制的温度不宜过高。 |
| 类似菜品 | 葱花饼。 |

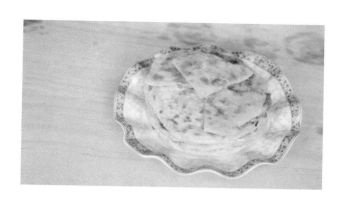

## 一、焖面的介绍

焖面是将面条放置于烹炒好的菜肴上加盖焖熟的一种面食。焖面源自农家做法,其做法如下:先擀好面,切好菜,在炝锅中将菜煸炒后加水烧开,然后直接将面条平铺在菜上加盖焖熟,最后将面菜拌匀。面条吸收了菜的香味,二者合一,省时可口。于是这种做法逐步流传开来。焖面是河套地区农家传统风味面食之一。焖面中除了猪肉和面条外,配料中还有土豆、豆角、尖椒等。土豆是热量低、富含维生素和微量元素的食物,土豆中钾含量非常高,可以降低中风的发病率。豆角含有丰富的蛋白质及多种氨基酸、维生素和矿物质,具有健脾和胃的作用。豆角还能理中益气、补肾健胃、和五脏、调营卫、生精髓。尖椒含有丰富的维生素 C 和维生素 K,不仅能刺激食欲、促进肠道蠕动,还具有驱寒发热的作用。焖面不仅制作省时省力,而且有肉、菜、面的混合搭配,营养丰富、均衡,深受大家喜爱。

## 二、焖面的制作

### ① 焖面的加工工艺流程

和面→擀制面条→辅料切配→焖制成熟

**❷ 焖面的加工制作**

| 加工设备、工具 | | 擀面杖、刀、炒锅、盛器。 |
|---|---|---|
| 原料 | 主料 | 精制面粉 500 克。 |
| | 辅助原料 | 水 250 克、猪五花肉 200 克、豆角 250 克、土豆 250 克、尖椒 50 克、葱末 20 克、蒜末 10 克、酱油 20 克、精盐 12 克、鸡精 5 克、花椒粉 2 克、大料粉 2 克、色拉油 50 克。 |
| 加工步骤 | | 步骤一：把精制面粉放在案板上，中间开汤坑，分次加入水拌成絮状，揉匀成团，盖湿布醒制 10 分钟，再揉至滋润光滑，盖湿布醒制备用。<br><br>步骤二：案板上撒扑面，将醒好的面团擀制成厚 0.2 厘米的长方形面片，用擀面杖将长方形面片卷起，折叠成宽 10 厘米的长条，用刀切成宽 0.3 厘米的面条备用。<br><br>步骤三：豆角洗净后，撕去两端的茎，然后掰成 4～5 厘米长的段；土豆去皮洗净，切成厚 0.6 厘米的条；猪五花肉切成厚 0.3 厘米的片；尖椒洗净切丝。<br><br>步骤四：锅中加入色拉油烧热，放入猪五花肉片煸炒至变色，放入葱末炒出香味，然后放入豆角、土豆翻炒均匀，依次加入花椒粉、大料粉、精盐、酱油、鸡精煸炒出香味，倒入清水没过豆角、土豆表面，然后加盖用中火焖至土豆断生，将擀好的面条均匀地铺在豆角上面，加盖换用中小火慢慢焖，直到锅中水分快要收干（约 8 分钟），关火，用筷子将面条抖散并与豆角、土豆拌匀，撒上尖椒丝装碗即可。 |
| 备注 | | （1）面团不能太硬，否则影响成品口感。<br>（2）土豆、豆角要煮至断生再放面条。<br>（3）掌握好焖面的火候，既不能夹生也不能粘锅。 |
| 类似菜品 | | 鸡肉焖面。 |

沙盖拌汤

# 一、沙盖拌汤的介绍

沙盖是一种野生植物，又名沙芥，为十字花科草本植物。沙盖生长在陕西、宁夏、内蒙古等地缺水沙丘中，具有食用、药用以及固沙的价值。沙盖含有蛋白质、脂肪、多种维生素、矿物质、微量元素及多种人体必需的氨基酸、葡萄糖苷等，常食能减肥轻身，健脾悦色，具有行气、消食、止痛、解毒、清肺的功效。沙盖多以嫩株或成株供人们食用，且有多种食用方法，既可以炒食，又可以凉拌或制汤、煮粥，也可以加工成干品或腌制品、罐头等。沙盖有辛辣味，是沙区人们喜食的天然野生蔬菜之一，沙盖拌汤就是人们在家常拌汤的基础上，采用当地植物资源创造出来的一款特色营养面食。

# 二、沙盖拌汤的制作

### ❶ 沙盖拌汤的加工工艺流程

拌制米粒→切配→熟制→炝油盛出

### ❷ 沙盖拌汤的加工制作

| 加工设备、工具 | 水锅、炒勺、不锈钢盆、勺子、汤盆。 |
| --- | --- |

| 原料 | 主料 | 熟米饭 200 克、精制面粉 100 克。 |
| --- | --- | --- |
| | 辅助原料 | 清水 50 克、鸡蛋 1 个、西红柿 50 克、菠菜 5 克、沙盖 100 克、精盐 5 克、生抽 5 克、胡麻油 30 克、葱花 5 克、清汤 2000 克、香菜适量。 |
| 加工步骤 | | 步骤一：将熟米饭放入不锈钢盆中，加清水拌匀，待米粒将水完全吸收后加入 50 克精制面粉搅拌，使面粉均匀地裹在米粒上，静置 5 分钟，再另外加入 50 克精制面粉搅拌均匀，使面粉均匀地裹在米粒上，静置备用。<br><br>步骤二：西红柿、菠菜洗净切成 0.5 厘米的小丁；沙盖洗净用开水焯一下捞出切碎；香菜洗净切成 1 厘米的小段。<br><br>步骤三：锅中倒入清汤，旺火烧开，将拌好面的米粒用筷子拨散入锅中，用勺子推动搅散，防止粘锅，煮至米粒全部浮起，加入西红柿、菠菜、沙盖、精盐、生抽，鸡蛋打散倒入锅中用勺子搅匀，关火。<br><br>步骤四：炒勺内放入胡麻油烧至 150 摄氏度，加入葱花炝出香味，倒入煮好的拌汤，盛出装入汤盆内。 |
| 技术关键 | | (1)拌制米粒时要拌匀，不要有干面粉。<br>(2)汤、米粒和配料的比例要适当。<br>(3)沙盖焯水时水开放入，翻身即出，否则不脆。<br>(4)拌汤煮好即起锅关火，不可在火上长久放置，做好的拌汤要及时食用，放置太久会影响风味。 |
| 类似菜品 | | 汆羊肉面片。 |

 **脆皮馅饼**

# 一、脆皮馅饼的介绍

脆皮馅饼是鄂尔多斯地区牧民家中的待客食品。脆皮馅饼是用水调面团包炒熟的羊肉馅,将两张面皮捏成盒子状,再炸制成熟。牧民多用羊油炸制脆皮馅饼,制作工艺极具地方民族特色。本品主要以面粉和羊肉为主要原料。小麦是我国北方人的主食,自古就是人们的主要食物。《本草拾遗》中提道:小麦面,补虚,实人肤体,厚肠胃,强气力。小麦的营养价值很高,含有碳水化合物、脂肪蛋白质、粗纤维、钙、磷、钾、维生素 $B_1$ 等。羊肉一直是内蒙古地区的重要食品,羊肉味甘性热,有补肾壮阳、暖中驱寒、温补气血、开胃健脾等功效,冬季多吃羊肉可益气补虚,驱寒暖身,增强血液循环,提高御寒能力,是冬季滋补佳品。羊肉还可以保护胃壁,帮助消化,适合体虚胃寒者食用。大葱中除含有蛋白质、脂肪、糖类外,还含有苹果酸、磷酸糖、维生素 $B_1$、维生素 $B_2$、铁、钙、镁等。大葱含有挥发油,作为调味品能去除腥膻味,产生特殊香气,刺激消化液的分泌,增进食欲。脆皮馅饼色泽金黄,皮质外酥脆内柔软,馅心咸香爽嫩,羊油炸制的脆皮馅饼更具特殊风味。

# 二、脆皮馅饼的制作

**❶ 脆皮馅饼的加工工艺流程**

和面→制馅→成型→炸熟→装盘

**❷ 脆皮馅饼的加工制作**

| 加工设备、工具 | | 炒勺、炸锅、不锈钢盆、擀面杖、铲子、盛器。 |
|---|---|---|
| 原料 | 主料 | 精制面粉 500 克、羊腿肉 500 克。 |
| | 辅助原料 | 冷水 250 克、葱白 300 克、鲜姜 15 克、花椒粉 3 克、精盐 6 克、味精 3 克、色拉油 1500 克。 |

| | |
|---|---|
| 加工步骤 | 步骤一:取精制面粉放在案板上,中间开汤坑,倒入冷水、30克色拉油拌成絮状,揉成面团,加凉水反复掇捣使面团起劲,静置醒面30分钟。<br><br>步骤二:羊腿肉切成0.3厘米的小丁;葱白切粒;鲜姜切末。炒锅上火倒入色拉油50克烧热,倒入切好的羊肉炒至变色,依次加入葱白、姜末、花椒粉、精盐、味精,炒出香味,炒熟后装入不锈钢盆备用。<br><br>步骤三:将醒好的面团搓条,下35克一个的剂子,将剂子擀成直径12厘米的圆皮,取一张圆皮放入30克炒好的羊肉馅,上面再盖一张圆皮,将两张圆皮的边缘捏在一起推出花边制成生坯。<br><br>步骤四:炸锅内加入剩下的色拉油加热至180摄氏度,逐个放入做好的生坯,炸至表面起泡、色泽金黄,捞出装盘。 |
| 技术关键 | (1)面团软硬要适中。<br>(2)炒制馅心时要掌握好火候和调味。<br>(3)下剂要均匀,制皮要薄厚一致,成型美观。<br>(4)掌握好炸制的油温,保证成品口感。 |
| 类似菜品 | 炸酥合。 |

 **驼肉馅饼**

## 一、驼肉馅饼的介绍

驼肉馅饼是以骆驼肉为主要馅料,用水调面团做皮,将制成的较大圆形饼坯放入电饼铛中烙熟的一种馅饼。内蒙古地区很多餐馆都售卖驼肉馅饼,其中很多店主打经营,配上各种粥品和小菜。驼肉馅饼既经济实惠,制作又方便快捷,深受人们的喜爱。驼肉馅饼个大、皮薄、肉多,色泽金黄油亮,质地柔润软韧,味道香浓醇厚。驼肉是低脂肪、高蛋白肉类,性温味甘,尤其是驼峰肉,不仅非常好吃,而且含有蛋白质、脂肪、钙、磷、铁以及维生素 A、维生素 $B_1$、维生素 $B_2$ 和烟酸等,另外还含有动物胶、骨胶原和硫等成分,可以为体弱、病后调养的人们提供良好的营养补充。驼肉肉质纤维较粗,结缔组织较多,水分含量相对较少,并有腥味,所以在调制馅料的时候,驼肉辅以鸡蛋、酱油、葱、姜、料酒、料油等配料及调料,补充水分使馅料嫩滑,在去除腥膻味的同时从多方面补足营养成分。鲜姜中的姜辣素对口腔和胃黏膜有刺激作用,能促进消化液分泌,增进食欲。鲜姜是药食两用性植物,也是人们常用的食疗佳品。

## 二、驼肉馅饼的制作

**❶ 驼肉馅饼的加工工艺流程**

和面→制馅→包捏成型→烙制成熟→装盘

**❷ 驼肉馅饼的加工制作**

| 加工设备、工具 | | 电饼铛、不锈钢盆、擀面杖、饼铲、盛器。 |
|---|---|---|
| 原料 | 主料 | 精制面粉 500 克、驼肉 800 克、驼峰肉 80 克。 |
| | 辅助原料 | 冷水 300 克、鸡蛋 2 个、葱白 400 克,鲜姜 60 克、花椒粉 5 克、大料粉 5 克、料酒 50 克、酱油 50 克、精盐 15 克、味精 10 克、料油 75 克。 |

| 加工步骤 | 步骤一：取精制面粉放在案板上，中间开汤坑，倒入冷水拌成絮状，揉成面团，加凉水反复擞捣成较软的面团，静置醒面30分钟。<br>步骤二：驼肉用绞肉机绞成肉馅放入不锈钢盆中。葱白切粒，鲜姜切末，盆中打入1个鸡蛋，依次加入花椒粉、大料粉、精盐、味精、料酒、酱油，搅拌均匀。葱白、鲜姜和料油搅拌均匀后加入调好的肉馅拌匀备用。<br>步骤三：将醒好的面团搓条，下50克一个的剂子，包入调好的肉馅50克，收拢剂口，捏严，擀成直径15厘米的圆形饼坯。<br>步骤四：电饼铛加热至200摄氏度，将饼坯刷油放入电饼铛中烙制，至两面金黄、两面鼓起即可取出装盘。 |
|---|---|
| 技术关键 | (1)面团要擞捣揉透，使其软滑筋韧，有很好的延展性。<br>(2)馅心投料时要按顺序依次投入。<br>(3)调好的馅心不宜放置太久，要尽早使用。<br>(4)包馅成型要少使用扑面，保持饼皮洁净。<br>(5)烙制时火候不能过急，以保证制品良好的色泽和质感。 |
| 类似菜品 | 薄皮馅饼。 |

# 一、烙回头的介绍

烙回头因制作过程是将馅料包入面皮，先顺长卷起，再将两头折回而得名。相传烙回头是由传统面点制品牛舌饼演变而来。烙回头煎制四面,侧边均匀平整,其因新颖独特、口味丰富受到广大食客的喜爱,成为通辽地区的有名面点制品。烙回头色泽金黄油亮,皮焦脆、馅爽滑,形状整齐一致,口味鲜美香醇。烙回头馅料中有猪肉和芹菜,猪肉气平味甘咸,含有蛋白质、脂肪及碳水化合物。猪肉是人们日常生活中的常见食品,具有补虚强身、滋阴润燥、丰肌泽肤的作用。凡病后体虚、产后血虚、面黄肌瘦者,皆可以猪肉作为营养滋补之品。猪肉的蛋白质属于优质蛋白,提供人体必需的脂肪酸;猪肉可提供血红素(有机铁)和促进铁吸收的半胱氨酸,能改善缺铁性贫血。猪肉中含有维生素 $B_1$,还含有较多的对脂肪合成和分解有重要作用的维生素 $B_2$。猪肉是餐桌上重要的动物性食物之一,因其纤维较为细软,结缔组织较少,肌肉组织中含有较多的肌间脂肪,所以经过烹调加工后肉味特别鲜美。芹菜具有平肝清热、祛风利湿、润肺止咳、降低血压、健脑镇定的作用,对高血压、血管硬化、神经衰弱、头疼脑涨、小儿软骨症等有辅助治疗的作用。近年来的科学研究表明,多吃芹菜可以增强人体抗病能力。由于芹菜中富含水分和纤维,并含有一种能使脂肪加速分解、消化的化学物质,因此芹菜是减肥者的最佳食品。猪肉和芹菜是馅料的最佳搭配,不仅口感好,而且营养价值高。

## 二、烙回头的制作

### 1 烙回头的加工工艺流程

和面→制馅→制作成型→烙制成熟→装盘

### 2 烙回头的加工制作

| 加工设备、工具 | | 电饼铛、不锈钢盆、擀面杖、饼铲、盛器。 |
|---|---|---|
| 原料 | 主料 | 精制面粉 500 克、猪前肩肉 400 克。 |
| | 辅助原料 | 温水 275 克、芹菜 300 克、葱白 100 克、鲜姜 15 克、花椒粉 3 克、大料粉 2 克、料酒 20 克、生抽 25 克、精盐 8 克、味精 5 克、料油 50 克。 |
| 加工步骤 | | 步骤一:取精制面粉放在案板上,中间开汤坑,倒入温水拌成絮状,揉成光滑滋润的面团,静置醒面 30 分钟。 |

| 加工步骤 | 步骤二：猪前肩肉剁碎放入不锈钢盆中；芹菜择洗干净入沸水锅中焯至七成熟，捞出过凉水，切成细粒，挤干水分备用；葱白切粒；鲜姜切末。向剁好的猪肉中依次加入料酒、花椒粉、大料粉、精盐、味精、生抽并搅拌均匀，把葱白、鲜姜、芹菜和料油搅拌均匀，再和调好的肉馅拌匀，备用。<br>步骤三：将醒发好的面团搓条，下 30 克一个的剂子，逐个擀成宽 8 厘米、长 15 厘米的面皮，每个面皮顺长放入馅料，两头各留 1 厘米，把馅料抹匀后从上向下紧紧卷起，将两头对折包回制成生坯。<br>步骤四：把电饼铛加热至 200 摄氏度，淋入色拉油，将做好的烙回头生坯放入电饼铛，烙至两面金黄时，将烙回头侧身立起并相互依靠煎制侧面，煎好一侧翻煎另一侧，四面全部煎成金黄色时出锅装盘。 |
|---|---|
| 技术关键 | （1）调制面团时，用水量根据面粉质量及环境温度灵活调整。<br>（2）馅心投料时要按顺序依次投入。<br>（3）擀皮、包馅、成型技术娴熟，大小均匀一致。<br>（4）掌握好烙制火候，保证成品皮焦脆、馅软嫩。 |
| 类似菜品 | 烙盒子。 |

## 一、山药丸丸的介绍

山药，方言用语里指马铃薯，又称土豆、山药蛋，是内蒙古中部地区尤其是农村地区人们对马铃薯的俗称。在 20 世纪六七十年代粮食不足时期，人们经常用山药和一些杂粮搭配出新的饭食品种，山药丸丸便是那个时期的产物。山药丸丸是以山药为主要原料，辅以莜面或白面制成的一种类似丸子的独具地方特色的民间食品，在内蒙古乌兰察布以及周边地区流行。马铃薯含有丰富的蛋白质、氨基酸及多种维生素，是老少皆宜的食品。马铃薯所含的纤维素对胃肠黏膜没有刺激作用，常食马铃薯可和胃调中、健脾益气，其对胃溃疡、习惯性便秘的治疗有一定的辅助作用。莜面也是备受世人推崇的健康食品。用山药和莜面制成的山药丸丸可炒食，也可蘸汤汁食用。汤汁是用酸菜汤加酱油、醋、葱花、蒜末、黄瓜丝、花椒油、辣椒油调制而成，可刺激食欲，促进消化液的分泌。此外，酸菜汤可以辅助食物中的三价铁转变为易溶于水的二价铁，便于人体吸收，可预防贫血，对贫血患者也具有一定的食疗效果。

## 二、山药丸丸的制作

### ❶ 山药丸丸的加工工艺流程

拌粉→蒸熟→兑汤或炒制→装盘

### ❷ 山药丸丸的加工制作

| 加工设备、工具 | 蒸锅、不锈钢盆、扁眼擦子、炒锅、盛器。 |
| --- | --- |

| 原料 | 主料 | 山药 500 克、莜面 250 克。 |
|---|---|---|
| | 辅助原料 | 1.兑汤<br>酸菜汤 200 克、花椒油 10 克、辣椒油 10 克、葱花 10 克、蒜末 10 克、酱油 10 克、醋 15 克、黄瓜丝 50 克、尖椒丝 30 克、香菜段 10 克。<br><br>2.炒制<br>胡麻油 50 克、腌猪肉丝 100 克、葱花 20 克、蒜末 10 克、青红椒丝 30 克、精盐 6 克。 |
| 加工步骤 | | 1.兑汤<br>步骤一：将山药去皮洗净，用扁眼擦子擦成丝，用凉水淘洗后沥干水分，放入不锈钢盆中。然后把莜面撒在山药丝上翻拌均匀，并在翻拌的过程中用双手反复搓擦，使莜面与山药丝充分黏合，从而使山药的水分被莜面充分吸收。<br>步骤二：将搓拌好的山药丝用手攥成圆球，摆放在笼屉内，上蒸锅旺火蒸 12 分钟成熟。<br>步骤三：在酸菜汤中加入葱花、蒜末、花椒油、辣椒油、酱油、醋、黄瓜丝、尖椒丝、香菜段，调制成汤。<br>步骤四：将蒸熟的山药丸丸装盘，吃时用筷子夹山药丸丸蘸汤汁食用。<br><br>2.炒制<br>步骤一：将山药去皮洗净，用扁眼擦子擦成丝，用凉水淘洗后沥干水分，放入不锈钢盆中。然后把莜面撒在山药丝上翻拌均匀，使莜面与山药丝充分黏合，从而使山药的水分被莜面充分吸收。<br>步骤二：蒸锅烧开，将铺好屉布的笼屉放在锅上，将拌好的山药丸丸生坯放入笼屉内盖好笼盖，蒸制 10 分钟，熟后取出。<br>步骤三：炒锅上火倒入胡麻油，加热至 150 摄氏度，放入切好的腌猪肉丝，煸炒至出油，加葱花、蒜末、青红椒丝翻炒，最后加入山药丸丸、精盐翻炒均匀，出锅装盘。 |

*Note*

| 技术关键 | （1）山药与莜面的比例要恰当，过湿或过干均会影响成品品质。<br>（2）搓拌时一定要搓透，不要使干粉抖落。<br>（3）拌好的原料要马上蒸制，放置时间过长容易出水、蒸制后发黏。<br>（4）攥握成型时，不可攥得太实，以免影响口感。<br>（5）摆入笼屉时，不宜太过紧密，蒸制火候要足。 |
| --- | --- |
| 类似菜品 | 炒莜面。 |

## 一、香酥羊肉饼的介绍

香酥羊肉饼，是近年来内蒙古中部地区餐饮行业创新推出的一款具有民族风味特色的面点制品，而且非常流行。虽然香酥羊肉饼在原料及制作方法上接近于馅饼，但采用水调面团包制了软酥使其有了层次感，馅料中的羊肉比例略少并且添加了香菜。与传统的上馅方法不同，制作香酥羊肉饼时将包上法改为卷上法，成型后刷油烙制，在纷繁的层次中夹带着羊肉香和香菜的清香，酥脆软韧，受到广大消费者的认可和好评。香酥羊肉饼色泽金黄，入口酥香，大小一致，留香持久。香酥羊肉饼是以面粉为主要原料，以羊肉、香菜、胡麻油为配料制成。香菜中含有很多挥发油,能去除腥膻味,增强味感,芳香健胃,祛风解毒,具有利肠、利尿等功效,促进血液循环。料酒在烹饪中的主要作用是去腥膻、解油腻。料酒中含有多种维生素和微量元素,氨基酸的含量也很高,烹饪时可渗透到食物内部,溶解有机物质,再通过乙醇挥发,把食物原料中固有的香气挥发出来,从而使菜点质地松嫩、香气四溢。香油中含有40%的亚油酸、棕榈酸等不饱和脂肪酸,易被人体消化吸收及利用,能促进胆固醇的代谢,消除动脉血管壁上的沉积物。香油中还含有丰富的维生素E,具有促进细胞分裂、延缓肌体衰老的功效。香酥羊肉饼不仅风味口感独特,而且营养价值很高。

## 二、香酥羊肉饼的制作

### ❶ 香酥羊肉饼的加工工艺流程

和面调酥→制馅→开酥卷馅→下剂成型→熟制→装盘

### ❷ 香酥羊肉饼的加工制作

| 加工设备、工具 | | 电饼铛、不锈钢盆、饼铲、盛器。 |
|---|---|---|
| 原料 | 主料 | 精制面粉800克、羊肉片200克。 |
| | 辅助原料 | 温水300克、胡麻油250克、精盐13克、料酒10克、香油10克、生抽10克、香菜段60克。 |
| 加工步骤 | | 步骤一:取精制面粉500克放在案板上,中间开汤坑,倒入温水拌成絮状,揉成光滑滋润的面团,静置醒面30分钟。将300克精制面粉放入不锈钢盆中加入精盐、胡麻油调和成油酥备用。<br>步骤二:将羊肉片放入不锈钢盆中,加入料酒、生抽、精盐、香油,香菜择洗干净,沥干水分后切成长2厘米的段,和腌制好的羊肉片拌在一起备用。<br>步骤三:将面团放案板上擀成厚0.5厘米的长方形大片,将调好的油酥均匀地抹上,叠三折后再擀成厚0.5厘米的长方形大片,将调好的羊肉香菜均匀地撒在长方形大片上,然后从上向下卷成圆筒状。 |

| | |
|---|---|
| 加工步骤 | 步骤四：将卷好的生坯下 100 克一个的剂子,逐个将收口压扁,擀成直径 15 厘米的圆饼。<br>步骤五：将电饼铛加热至 220 摄氏度,饼上刷油放入电饼铛内,烙至两面金黄熟透取出,从中间切成两半装盘,即可。 |
| 技术关键 | (1)调制的面团不能太硬。<br>(2)羊肉片不可切得太厚、太大,以免影响成型。<br>(3)调馅要入味,撒馅时尽量不带水分。<br>(4)擀片时要掌握好大小、厚度,不可卷得太粗,否则影响成型。<br>(5)掌握好烙制温度,保证成品的口感、色泽。 |
| 类似菜品 | 千层饼。 |

## 一、地皮菜包子的介绍

在内蒙古中部地区,每到秋季雨后会有地皮菜生长,当地百姓会用它和鸡蛋、韭菜、胡萝卜、粉条调馅包包子。地皮菜也称为地衣、地木耳、雷公菌,它是真菌与藻类的结合体,多生长在阴暗潮湿的环境中。地皮菜呈暗黑色,口感脆嫩,营养丰富,不仅能为人体补充丰富的蛋白质和多种维生素,还能疏风清热、降脂明目。地皮菜口感诱人,营养价值极高,能为人体提供维持各器官正常工作的营养,也能让人体吸收一些胶质和纤维素,促进人体新陈代谢,提高各器官的功能,经常食用能清肠道,预防缓解便秘。地皮菜含有丰富的维生素、海藻糖及木糖醇,这些物质具有明显的利水作用,能提高人体肾脏功能,加快身体内多余水分代谢,可以预防身体水肿,缓解小便不利,当人体出现肝腹水及大脑积液时,食用地皮菜能起到一定的缓解作用。地皮菜中含有丰富的微量元素,其中铁的含量特别高,它能提高人体造血能力,促进人体血红蛋白再生,能让人体内部血液保持充盈从而降低贫血的发生率。地皮菜的钙含量也非常高,能为人体补钙,提高骨骼健康。鸡蛋的营养价值高,其蛋白质的氨基酸比例适合人体生理需求,易被机体吸收,利用率可达98%以上,鸡蛋黄也是胆固醇的主要来源。韭菜味甘、辛,性温,无毒,有健胃、提神、温暖作用,韭菜含有挥发性精油及硫化物等特殊成分,散发一种独特的辛香气味,有助于疏调肝气,增进食欲,增强消化功能。胡萝卜中含有大量的胡萝卜素,人体摄入后,可以有效地转换成维生素 A,对视力有一定的帮助。

## 二、地皮菜包子的制作

### ① 地皮菜包子的加工工艺流程

和面→制馅→下剂成型→熟制→装盘

### ② 地皮菜包子的加工制作

| 加工设备、工具 | | 蒸锅、不锈钢盆、刀、盛器。 |
|---|---|---|
| 原料 | 主料 | 精制面粉 500 克、地皮菜 300 克。 |
| | 辅助原料 | 水 250 克、酵母 5 克、泡打粉 5 克、鸡蛋 4 个、韭菜 150 克、胡萝卜 100 克、粉丝 100 克、精盐 10 克、鸡精 6 克、料油 50 克。 |
| 加工步骤 | | 步骤一:取泡打粉加入精制面粉中,放在案板上,中间开汤坑,倒入水拌成絮状,揉成光滑的面团,静置醒发 30 分钟。<br>步骤二:将地皮菜洗净沥干水分,用刀剁碎;鸡蛋炒熟摊开晾凉,剁碎;韭菜洗净沥干水分,顶刀切碎;胡萝卜切成米粒大小;粉丝用水泡软剁碎。将切剁好的原料放入不锈钢盆中,加入精盐、鸡精、料油搅拌均匀备用。 |

| | |
|---|---|
| 加工步骤 | 步骤三：将醒发好的面团放在案板上反复揉搓排气，然后搓条下40克一个的剂子，擀成直径12厘米的包子皮（包子皮的中间要厚一些），包入40克调制好的地皮菜馅料，提褶成包子形生坯，放入笼屉内，加盖醒发20分钟（30摄氏度）。<br>步骤四：蒸锅加水烧开后，将装有醒发好的包子的笼屉放于锅上，旺火足气蒸10分钟，待成熟后取出装盘。 |
| 技术关键 | （1）面团软硬要适中，具体按面粉干湿度和环境温度而定。<br>（2）注意馅料原料搭配比例，以半皮半馅为宜。<br>（3）包子成型要端正，提褶要均匀，每个不少于10个褶。 |
| 类似菜品 | 素什锦包子。 |

玻璃饺子

## 一、玻璃饺子的介绍

玻璃饺子是内蒙古中部乌兰察布地区的特色面点，乌兰察布地区盛产的马铃薯是当地人非常喜爱且生活中不可缺少的重要食物。人们为了调剂单调的饮食，将马铃薯做出了许多的新花样，玻璃饺子就是其中之一。玻璃饺子是将马铃薯煮熟或蒸熟去皮后捣成泥，再掺入适量的马铃薯淀粉搓揉成面团，包馅制成饺子，因蒸制成熟后的饺子晶莹剔透、呈半透明状而得名。玻璃饺子的馅心可根据原料或食用者的口味变化，咸、甜、荤、素都可以。当地人最爱的玻璃饺子的馅心是用马铃薯、少量的五花肉、少量的韭菜及胡萝卜调制而成的。蒸熟后的玻璃饺子皮质半透明，馅心可见，有白色、绿色、红色，诱人食欲，玲珑剔透，皮质柔韧，口感舒适，口味香醇，虽然不是高档原料，但通过精心制作，从外形、色泽及口感等方面都不失为宴席中的一道特色面点。马铃薯是低热量、高蛋白食物，含有多种维生素和微量元素，尤其是含钾量比较高。猪肉为人体提供了优质蛋白和必需脂肪酸。韭菜中含有纤维素、胡萝卜素、维生素 C。韭菜具有香辛味，可增进食欲，有活血、解毒等功效。韭菜中的纤维素能促进肠道蠕动，可预防和改善便秘。胡萝卜是一种营养价值非常高的蔬菜，胡萝卜中含有大量的维生素 A、胡萝卜素、钙离子、铁离子，以及大量的膳食纤维，可以有效缓解眼疲劳，改善夜盲症，还可以补充人体所需的铁离子，改善缺铁性贫血的症状。多种原料搭配能达到营养互补的作用。

## 二、玻璃饺子的制作

### ❶ 玻璃饺子的加工工艺流程

调制皮面→制馅→下剂成型→熟制→装盘

### ❷ 玻璃饺子的加工制作

| 加工设备、工具 | | 蒸锅、不锈钢盆、刀、擀面杖、盛器。 |
| --- | --- | --- |
| 原料 | 主料 | 马铃薯 1000 克。 |
| | 辅助原料 | 马铃薯淀粉 150 克、猪五花肉 100 克、韭菜 150 克、胡萝卜 50 克、花椒粉 2 克、干姜粉 3 克、鲜姜末 10 克、酱油 10 克、精盐 8 克、鸡精 5 克、胡麻油 25 克。 |
| 加工步骤 | | 步骤一：将 500 克马铃薯去皮、洗净、切成片、蒸制成熟，倒入不锈钢盆中趁热用擀面杖捣成泥，分次加入马铃薯淀粉反复搓擦均匀，使其上劲成薯泥面团，备用。<br>步骤二：将另外 500 克马铃薯去皮、洗净，切成 0.3 厘米的小丁；猪五花肉切成 0.3 厘米的小丁；韭菜洗净沥干水分，顶刀切碎；胡萝卜切成米粒大小。将切好的原料放入不锈钢盆中，加入花椒粉、干姜粉、精盐、鸡精、酱油、胡麻油搅拌均匀，备用。 |

| 加工步骤 | 步骤三：将薯泥面团放在案板上，然后搓条下 20 克一个的剂子，将剂子压扁，擀成直径 10 厘米的饺子皮（饺子皮周边薄中间略厚），包入 20 克调制好的馅料，捏成饺子形，将收口边推捏出瓦棱状花边，摆入笼屉内。<br>步骤四：在蒸锅中加水并烧开，将摆好饺子生坯的蒸笼放锅上，旺火足气蒸 10 分钟成熟，取出装盘。 |
|---|---|
| 技术关键 | （1）加工的薯泥应细腻无颗粒，再加入马铃薯淀粉，调制的薯泥面团要软硬适中，太软不易操作，影响成品形状，太硬容易开裂。<br>（2）包馅不能太多以免蒸制成熟后开裂。<br>（3）蒸制时间不能太长。 |
| 类似菜品 | 烫面蒸饺。 |

# 一、荞面葫芦饼的介绍

　　津京地区有一种地方小吃，味道鲜美，风味独特，叫作西葫芦糊塌子。荞面葫芦饼是受到西葫芦糊塌子启发，在荞面煎饼的基础上加入西葫芦丝和各种不同的调味料摊制成的一种香味浓郁、松软可口的薄饼。该制品以粗粮、普通的蔬菜为原料,采用简单的制作工艺,不仅味道好、口感好,而且营养丰富,受到广大食客的青睐。荞面对动脉硬化、高血压、糖尿病等慢性病具有明显的食疗作用。西葫芦含有蛋白质、多种维生素和矿物质,营养非常丰富。中医认为西葫芦具有清热利尿、除烦止渴、润肺止咳、消肿散结的功效,对水肿、腹胀、烦渴、疮毒以及肾炎、肝腹水等症有辅助治疗效果。此外,西葫芦还可以提高免疫力。鸡蛋中含有优质蛋白,食盐、大葱除了调节口味外,还可为人体提供必要的矿物质及维生素 A、维生素 C、胡萝卜素等营养成分,可见荞面葫芦饼是一种营养价值非常高的食品。

## 二、荞面葫芦饼的制作

### ❶ 荞面葫芦饼的加工工艺流程

加工西葫芦→调制面糊→摊饼成型→熟制→装盘

### ❷ 荞面葫芦饼的加工制作

| 加工设备、工具 | | 电饼铛、不锈钢盆、擦子、勺子、盛器。 |
|---|---|---|
| 原料 | 主料 | 荞面 300 克、西葫芦 250 克。 |
| | 辅助原料 | 水 250 克、鸡蛋 3 个、葱花 50 克、精盐 8 克、胡麻油 20 克。 |
| 加工步骤 | | 步骤一:将西葫芦洗净,去头尾、去瓤,用擦子擦成细丝放入不锈钢盆中,加入精盐抓匀渗出水分。<br>步骤二:盆中加入鸡蛋、葱花搅匀,再加入荞面、水搅匀,最后加入胡麻油搅拌均匀即成面糊。<br>步骤三:电饼铛加热至 180 摄氏度,表面擦油,用勺子舀 50 克面糊倒入电饼铛中摊成圆形薄饼。<br>步骤四:待薄饼表面变色、底部变成金黄色翻过来烙制另一面,将另一面也烙制上色,熟透装盘即可。 |
| 技术关键 | | (1)调制的面糊稠稀适度,太稠摊出的饼太厚,太稀会影响口感。<br>(2)调味不宜过重。<br>(3)摊出的饼大小要均匀一致。<br>(4)电饼铛中抹油要少,油多不易烙制。 |
| 类似菜品 | | 煎饼、玉米饼。 |

## 一、奶油烤馍的介绍

　　奶油烤馍是呼和浩特地区各大酒店零点餐厅及宴会常见的一道面点制品,其色泽金黄、外皮酥脆、内里暄软、甜柔乳香。奶油烤馍是融合了中式面点中的馒头和西式面点中的面包的用料及制作工艺而创新的面点制品,该制品色泽诱人、营养丰富,深受消费者喜爱,近年来在呼和浩特及周边地区广为流行。奶油烤馍可作为早餐搭配牛奶或粥类食用。奶油烤馍的主要原料有面粉、黄油、牛奶、鸡蛋、白糖等,黄油是牛奶提纯之后制作而成的,营养价值非常高。人们适量吃一些黄油可以有效地吸收其中的脂肪,迅速为身体提供热量,可以快速增加饱腹感。黄油中铜离子含量比较高,可保持皮肤弹性,增加骨骼的强度。牛奶是古老的天然饮料,被誉为"白色血液"。牛奶中含有丰富的蛋白质、脂肪、维生素和矿物质等营养物质,乳蛋白中含有人体所必需的氨基酸,乳脂肪多为短链和中链脂肪酸,极易被人体吸收。因此奶油烤馍不仅好吃而且有营养。

## 二、奶油烤馍的制作

### 1 奶油烤馍的加工工艺流程

　　和面、压面→下剂成型→醒发成熟→烤制→装盘

### 2 奶油烤馍的加工制作

| 加工设备、工具 | | 蒸锅、烤箱、醒发箱、压面机、刀、盛器。 |
|---|---|---|
| 原料 | 主料 | 面粉 500 克。 |
| | 辅助原料 | 酵母 5 克、泡打粉 5 克、白糖 80 克、鸡蛋 2 个、牛奶 150 克、黄油 30 克。 |
| 加工步骤 | | 步骤一：取泡打粉加入面粉中放在案板上，中间开汤坑，把白糖放入牛奶中搅拌至糖溶化，加入鸡蛋、酵母搅匀，倒入面粉中拌成絮状，揉成面团，放入压面机反复压至光滑细腻备用。<br>步骤二：将压制好的面团搓条下 100 克一个的剂子，揉成馒头状，放笼屉内入醒发箱，醒发一倍大。<br>步骤三：蒸锅加水烧开，将醒发好的生坯放蒸锅上，旺火蒸制 15 分钟，成熟取出。<br>步骤四：将蒸制成熟的馒头生坯晾凉，用刀切 6 瓣，注意底部不要切通。将切好的馒头生坯摆入烤盘，切口处刷黄油，入烤箱上火 240 摄氏度、下火 210 摄氏度烤制 10 分钟，待切口裂开、表面金黄取出装盘。 |
| 技术关键 | | （1）面团配料比例要准确。<br>（2）面团要反复压至光滑细腻。<br>（3）面团揉制成型，剂口尽量收小。<br>（4）整个制作过程不使用扑面。<br>（5）醒发程度要掌握好，醒发不足或醒发过度都会影响成品质量。 |
| 类似菜品 | | 奶油大花卷。 |

 羊肉粥

## 一、羊肉粥的介绍

羊肉粥的制作方法是把带骨头的羊肉放入锅内煮烂,捞出骨头,肉汤里煮大米成粥。其做法与蒙古族菜肴阿木苏相同。羊肉粥以羊肉汤为熬粥的介质,羊肉中的蛋白质、脂肪、矿物质以及维生素等在煮制的过程中溶于汤中,因此羊肉粥不仅味鲜香醇,而且营养价值很高。大米除了含淀粉外,还含有蛋白质、脂肪、维生素、矿物质,能为人体提供营养。大米、羊肉、羊肉汤混合熬粥,羊肉及羊肉汤中的多种氨基酸弥补了大米中缺乏的赖氨酸等营养素,而大米中的多种维生素和矿物质又弥补了羊肉营养素的不足,成分互补、营养丰富,羊肉粥成为滋补强身的营养佳品。长久以来,不同时期、不同地区、不同民族,羊肉粥都有其不同的用料和制作方法,下面介绍的是乌兰察布地区羊肉粥的制作方法。

## 二、羊肉粥的制作

**❶ 羊肉粥的加工工艺流程**

淘洗大米,煮粥→切配料→加配料熬煮成熟→装碗

**❷ 羊肉粥的加工制作**

| 加工设备、工具 | | 煮锅、砧板、刀具、盛器。 |
|---|---|---|
| 原料 | 主料 | 羊后座肉 100 克、大米 300 克。 |
| | 辅助原料 | 手把肉汤 2500 克、葱花 35 克、食盐 10 克。 |
| 加工步骤 | | 步骤一:将手把肉汤放锅内上火烧开,大米淘洗干净后下入锅中,大火煮开转小火,煮至米熟汤稠。<br>步骤二:将羊后座肉切成 0.8 厘米见方的小丁。<br>步骤三:将切好的羊后座肉与葱花、食盐一起倒入粥中,再熬煮五六分钟至成熟,装碗。 |

| 技术关键 | （1）要用新鲜的手把肉汤熬煮。<br>（2）熬粥的火候的掌握也是技术关键之一，一定要煮到米糜烂、粥黏糊。<br>（3）大米熬至糜烂时要用勺子勤搅动，避免煳锅。 |
|---|---|
| 类似菜品 | 羊肉白玉米碴粥、羊肉小米粥。 |

## 一、羊肉面片的介绍

羊肉面片在民间又称为喂葱面、氽羊肉面，即将鲜嫩羊肉切成薄片，用葱、姜、盐、酱油、味精、香油等腌制后，再下入用清水煮熟的面片中，开锅即出，此面点制品肉嫩汤鲜、面片爽口，属面中的精品。羊肉面片是以雪花粉为主料、以羊肉为配料调味制成，雪花粉中蛋白质的含量高于普通面粉，所以用它制作的面片不仅光洁爽滑，而且营养价值也较高。羊肉一直被人们视为补身体、御风寒的佳品。中医认为羊肉味甘性热，有补肾壮阳、暖中驱寒、温补气血、开胃健脾等作用。加入的葱、姜等辛辣佐料，不仅能去除腥膻味，刺激消化液的分泌，增加食欲，还有增强大脑灵活性和预防老年痴呆等功用。在内蒙古地区羊肉面片深受大众青睐。

## 二、羊肉面片的制作

**1** 羊肉面片的加工工艺流程

和面→切羊肉、辅料腌制→制作面片→熟制→装碗

**2** 羊肉面片的加工制作

| 加工设备、工具 | | 煮面锅、砧板、刀具、不锈钢小盆、擀面杖、手勺、盛器。 |
|---|---|---|
| 原料 | 主料 | 雪花粉 500 克、羊腿肉 150 克。 |
| | 辅助原料 | 凉水 225 克、大葱 50 克、鲜姜 10 克、花椒粉 1 克、精盐 10 克、味精 5 克、生抽 20 克、香油 10 克。 |
| 加工步骤 | | 步骤一：将雪花粉放在案板上，中间开汤坑，倒入凉水，拌入面粉打成絮状，再揉搓成面团，盖湿布醒发 10 分钟，反复揉光揉透，醒制备用。<br>步骤二：羊腿肉切成 0.15 厘米厚、2 厘米宽、3 厘米长的薄片，大葱、鲜姜切细末与羊腿肉一同放入碗内，加入花椒粉、生抽、精盐、味精、香油等拌匀备用。<br>步骤三：将醒发好的面团擀成 0.2 厘米厚的大薄片后用擀面杖卷起，正反折叠成宽 10 厘米的梯形条，用锋利的快刀顶刀切成 3 厘米的条，再揪成 3 厘米见方的面片。<br>步骤四：煮面锅内加清水 2500 克，上火烧开，下入面片煮熟，再倒入腌制好的羊腿肉，开锅后起锅装碗。 |
| 技术关键 | | (1)和面时的具体用水量应依面粉质地及环境温度灵活掌握，总之面团不可太软。如遇面粉品质较差，可在和面的水中适量加盐，以增强其筋力。<br>(2)擀面杖要笔直且长度适当，太短影响擀片的质量，揪片要大小均匀。<br>(3)羊肉应选后腿肉略带肥边处，切片不可过大或过小，腌制时间也不宜太长。 |
| 类似菜品 | | 小牛肉面片、猪肉面片。 |

## 一、搁锅面的介绍

搁锅面也称为汤面,是内蒙古呼和浩特、乌兰察布地区的民间面食。搁锅面的特点是稠稀适度、主副兼有、面条滑爽、汤清味鲜。尤其是在冬季,吃搁锅面时加一小碟咸菜、蒜蓉辣酱或油泼辣子,吃后浑身冒汗,舒服至极。搁锅面食材中的猪肉可以为人体提供优质蛋白和必需脂肪酸;菠菜中含有丰富的钾、镁、B 族维生素,可调节人体内的酸碱度,减少钙的排泄量,对骨骼健康非常有利;西红柿中的维生素 C 和番茄红素具有抗氧化的作用,西红柿中的烟酸有利于保持血管壁的弹性,对防治动脉硬化、高血压也有帮助。现在的搁锅面已不限于居家饮食,已然登上了各饭馆、酒楼的食谱。

## 二、搁锅面的制作

### ❶ 搁锅面的加工工艺流程

和面→切配料→擀切面条→烹调兑汤→煮面条→装碗

### ❷ 搁锅面的加工制作

| 加工设备、工具 | 炒锅、汤锅、砧板、刀具、不锈钢小盆、擀面杖、手勺、盛器。 |
| --- | --- |

| 原料 | 主料 | 面粉 500 克、猪五花肉 100 克。 |
|---|---|---|
| | 辅助原料 | 凉水 2400 克、水发黄花 50 克、土豆 100 克、菠菜 30 克、西红柿 50 克、色拉油 25 克、葱花 10 克、鲜姜末 5 克、花椒粉 2 克、陈醋 5 克、酱油 20 克、精盐 10 克、鸡精 5 克。 |
| 加工步骤 | | 步骤一：将面粉放在案板上，中间开汤坑，倒入 200 克凉水，搅拌成絮状，和成面团，盖上湿布醒面 10 分钟，再揉光揉透备用。<br>步骤二：猪五花肉切成筷子粗的细条；水发黄花择洗干净，切成 4 厘米长的段；土豆去皮洗净，切成筷子粗的条；菠菜择洗干净，切成段；西红柿洗净去皮，剖开，切成较厚的片。<br>步骤三：将醒发好的面团擀成 0.2 厘米厚的大薄片，用擀面杖卷起，正反折叠成 10 厘米宽的梯形条，再用锋利的快刀顶刀切成 0.3 厘米的细条。<br>步骤四：炒锅内放色拉油，上火烧热，放入猪五花肉条煸炒，炒至变色时依次放入花椒粉、鲜姜末、葱花炝锅，喷陈醋并炒出香味时，放入土豆条和黄花段，再倒入酱油，略炒后倒入 2200 克凉水，并放入精盐，烧开后改用小火，煮至土豆成熟。<br>步骤五：将切好的面条放入汤锅中煮熟，把切好的西红柿和菠菜下入汤锅内烧开，放入鸡精搅匀即成。 |
| 技术关键 | | (1)和面时的具体用水量应依面粉质地及环境温度灵活掌握，总之面团不可过软。如面粉品质较差，可在和面的水中适量加盐，以增强其筋力。<br>(2)擀面杖要笔直且长度适中，太短影响擀片的质量。刀要锋利，刀工精湛，方能保证面条粗细一致。<br>(3)选配料要味性相宜，且要相应调味。<br>(4)要适当把握汤料煮制火候，下入面条后也要把握时机，不可煮过火。 |
| 类似菜品 | | 疙瘩汤。 |

81

## 一、拿糕的介绍

拿糕,是在内蒙古中西部民间流行的用莜面、荞面等杂粮粉制作的一种面食。其做法类似烫面糕,即将开水锅置火上,边撒面粉边搅动,直至软硬适中熟透。拿糕食材中的莜面可有效降低人体中的胆固醇,对中老年人心脑血管疾病起到一定的预防作用。莜面中含有较多的膳食纤维,有良好的通便作用,老年人常吃莜面有助于预防习惯性便秘,降低脑血管疾病意外的发生。莜面有助于降糖减肥,所以莜面也是糖尿病患者的最佳食品。配料中酸菜含有的乳酸是一种有机酸,能直接被人体吸收。当人体的肌肉呈松弛状态时,氧的需要量减少,被吸收的一部分乳酸可转变为丙酮酸,经三羧酸循环,氧化成二氧化碳和水,并产生大量的三磷酸腺苷,三磷酸腺苷是人体细胞代谢所需的物质,有助于慢性肝炎、多发性心肌炎、脑血管意外后遗症等的治疗。乳酸能刺激胃液的分泌,帮助消化,还能杀死多种细菌,抑制大肠中腐败菌的繁殖。

## 二、拿糕的制作

### 1 拿糕的加工工艺流程

调制蘸汁→烧水→撒面→搅动→成熟→装盘

**2 拿糕的加工制作**

| 加工设备、工具 | | 灶具、砧板、木棍、不锈钢小盆、擀面杖、盛器。 |
|---|---|---|
| 原料 | 主料 | 莜面 500 克。 |
| | 辅助原料 | 酸菜（烂腌菜）及汤 250 克、胡麻油 50 克、花椒 5 粒、葱花 50 克、水 1000 克、油炸辣椒 10 克。 |
| 加工步骤 | | 步骤一：将腌制好的烂腌菜（当地人习惯食用的一种腌制小菜，制作方法：白菜、胡萝卜、芹菜等切成丝，加盐揉搓后压入坛内，腌渍发酵，夏季三五天、春秋七八天、冬季十几天后即可）连汤带菜舀入盆内；将胡麻油倒入炒锅中，上火烧热后下入花椒，炸至发黑时捞出，放入葱花炝出香味后倒入酸菜汤盆内搅匀。<br>步骤二：锅内加水，上火烧开，一手撒莜面另一手执木棍搅动，边撒边搅直至撒完且莜面软硬适中（整个操作过程须在文火上进行）。然后盖严锅盖，焖至拿糕熟透、锅底有了一层锅巴撤火，再焖片刻即可。<br>步骤三：将制作好的拿糕铲入盘中，吃时将酸菜汤分别舀入几个碗内，需要时可放一些油炸辣椒。将拿糕按需切成大块，放入盘中后，用筷子夹成小块蘸汁食用。 |
| 技术关键 | | （1）水与面的比例要准确掌握，即拿糕的软硬度要适当，过软会软糯有余而筋韧不足，过硬又会缺乏软滑的口感。<br>（2）搅拿糕时火候是关键，切不可过大过急。搅好后焖制时的火候也应恰当掌握，既不可焦煳，又不能夹生。 |
| 类似菜品 | | 荞面拿糕。 |

 **背锅子**

## 一、背锅子的介绍

背锅子是呼和浩特地区对一类烙制成熟的发面饼的称谓,类似于山东的火烧、河北的烧饼。背锅子流传久远,因经济实惠、风味别致,在民间深受人们的喜爱。背锅子是以小麦粉、胡麻油、鸡蛋、牛奶等调和面团烙制而成。小麦粉中含有碳水化合物、淀粉、脂肪、氨基酸和维生素,营养价值很高,是补充热量和植物蛋白的重要来源。胡麻油又称亚麻籽油,是一种古老的食用油,含有丰富的营养成分,药食两用。胡麻油中含有不饱和脂肪酸,在人体内可以直接转换成 DHA 和 EPA,可以修复、更新脑神经细胞和脂肪酸链,有健脑益智的作用,还可通畅血管,抑制血小板聚集,扩张小动脉,有很好的降脂、降压效果。鸡蛋含有丰富的蛋白质、脂肪、氨基酸和钠、钾、镁等人体所需微量元素,具有健脑益智、保护肝脏等功效。牛奶中的蛋白质主要是酪蛋白、白蛋白、球蛋白和乳蛋白,能补充人体所需的营养,增强机体的免疫力。几种原料的搭配使得制品营养更加丰富。

## 二、背锅子的制作

### ❶ 背锅子的加工工艺流程

和面→醒发→下剂→成型→烙制成熟→装盘

### ❷ 背锅子的加工制作

| 加工设备、工具 | | 电饼铛、不锈钢小盆、擀面杖、刀、盛器。 |
| --- | --- | --- |
| 原料 | 主料 | 精制面粉500克。 |
| | 辅助原料 | 水 100 克、酵母 5 克、泡打粉 5 克、食盐 8 克、胡麻油 50 克、鸡蛋 1 个、牛奶 100 克。 |

| | |
|---|---|
| 加工步骤 | 步骤一：精制面粉中加入泡打粉搅匀，放在案板上，中间开汤坑，把水、牛奶、鸡蛋、食盐放入不锈钢小盆中，加入酵母搅匀并倒入面粉中搅拌成絮状，加入胡麻油，揉成滋润光滑的面团，静置醒发30分钟。<br>步骤二：将醒发好的面团搓条，揪100克一个的剂子，将每个剂子都揉成馒头状，再擀成直径15厘米的圆饼，在表面用刀划斜十字，深度为圆饼厚度的三分之一。<br>步骤三：电饼铛加热至180摄氏度，将圆饼有刀口的一面向下放在烧热的电饼铛上，一面上色后翻烙另一面，两面烙制成金黄色即成熟装盘。 |
| 技术关键 | （1）吃水量应依面粉的质地而灵活调整，面团不可太软，否则失去其特点。<br>（2）油要在面团成团前加入。<br>（3）刀口不能太深以免断裂。<br>（4）烙制时温度不能太高，否则虽表面颜色达到要求，但圆饼还未成熟。 |
| 类似菜品 | 甜背锅子、发面饼。 |

 **青瓜烙**

## 一、青瓜烙的介绍

青瓜一般指黄瓜,是葫芦科一年生蔓生或攀缘草本植物,青瓜呈油绿色或翠绿色,表面有小刺,茎、枝伸长,有棱沟。青瓜含有大量的水分、膳食纤维,有助于肠道蠕动,能缓解便秘。青瓜的热量低,可以增强饱腹感,减少热量摄入。青瓜中的丙醇二酸可以抑制糖类转化为脂肪,可起到减肥的目的。青瓜含有较多的维生素 E,有抗氧化、抗衰老的作用。青瓜中的黄瓜酶有较强的生物活性,能促进机体的新陈代谢。青瓜汁涂于面部可达到滋润肌肤、祛除皱纹、抗衰老的功效。青瓜所含的葡萄糖苷、甘露醇、果糖、木糖醇都不参与糖代谢,糖尿病患者食用不会使血糖升高。青瓜还有降低血液中胆固醇的功能,高胆固醇和动脉硬化的患者经常吃青瓜大有益处。青瓜烙是一款用新鲜青瓜与面粉一起搅拌成糊烙制而成的地方特色面点,清新爽口不油腻,是现代人追求健康的理想食品。

## 二、青瓜烙的制作

### ① 青瓜烙的加工工艺流程

加工、腌制青瓜→拌粉→炸制成熟→装盘

### ② 青瓜烙的加工制作

| 加工设备、工具 | 炒锅、不锈钢盆、刨丝器、手勺、盛器。 | |
| --- | --- | --- |
| 原料 | 主料 | 青瓜 500 克。 |
| | 辅助原料 | 土豆淀粉 100 克、精盐 8 克、色拉油 750 克。 |

| | |
|---|---|
| 加工步骤 | 步骤一：将青瓜洗净，用刨丝器刨成细丝，放入不锈钢盆中，加入精盐拌匀腌制 10 分钟。<br>步骤二：将腌制好的青瓜丝中多余的水分倒出，再加入土豆淀粉拌匀。<br>步骤三：炒锅中倒入色拉油加热至 200 摄氏度放一边备用，另取一个锅，加入少许热油，将拌制好的青瓜丝平铺于锅底，用手稍压，将烧好的热油浇在铺好的青瓜丝上，炸制 2 分钟定型成熟，取出切块装盘。 |
| 技术关键 | （1）青瓜丝腌制出的水分要倒出去。<br>（2）土豆淀粉搅匀裹在青瓜丝上即可，不可太多。<br>（3）炸制温度不能太低，否则影响成品质量。 |
| 类似菜品 | 海鲜烙、时蔬烙。 |

## 一、薄皮馅饼的介绍

薄皮馅饼是在蒙古族传统面食馅饼的基础上改良而成，蒙古族的馅饼已经有

800 多年的历史。科尔沁始祖晚年时尤其爱吃一种饼,后来经过王府厨师的改良,以小麦面为皮、牛羊肉为馅,用手压成饼状,然后两面煎制而成。此饼外皮薄而酥软,肉馅厚而鲜香,后来慢慢流传,成了现在科尔沁的馅饼。经过传承和发展,无论是口感还是工艺方面科尔沁的馅饼都有了一定的改进,成了科尔沁草原上倍受喜爱的美食。康熙年间,李光地去科尔沁部祭祖,席间李光地就尝到了科尔沁部的传统主食馅饼,甚是喜欢,此馅饼凭借着独特的美味享誉各地。薄皮馅饼就是在这款馅饼的基础上改良而成的。

## 二、薄皮馅饼的制作

### ❶ 薄皮馅饼的加工工艺流程

和面→调馅→包制成型→烙制成熟→装盘

### ❷ 薄皮馅饼的加工制作

| 加工设备、工具 | | 电饼铛、刀具、不锈钢小盆、擀面杖、盛器、保鲜膜。 |
| --- | --- | --- |
| 原料 | 主料 | 猪前肩肉 500 克、精制面粉 500 克。 |
| | 辅助原料 | 温水 350 克、净大葱末 200 克、鲜姜末 25 克、料酒 10 克、花椒粉 3 克、大料粉 2 克、食盐 12 克、料油 50 克、色拉油适量。 |
| 加工步骤 | | 步骤一:将精制面粉放在案板上,中间开汤坑,加入水调制成较软的面团,放入不锈钢小盆中,表面抹色拉油,用保鲜膜包好,醒面 30 分钟备用。<br>步骤二:将猪前肩肉洗净切成小粒,先后加入鲜姜末、花椒粉、大料粉、料酒及食盐搅拌均匀,再加净大葱末、料油拌匀。<br>步骤三:将醒好的面团分割成 50 克一个的剂子,每个剂子包入 80 克馅心,逐个包好收口向下放好。<br>步骤四:用擀面杖将剂子擀成直径 15 厘米的圆形坯皮,放入提前预热至 220 摄氏度的电饼铛中,两面烙至有芝麻大小的火斑后装盘。 |

| 技术关键 | （1）面团一定要和匀、醒好。<br>（2）成型及成熟工艺尽量不要用扑面。<br>（3）烙制时要用220～240摄氏度高温，迅速成熟。 |
|---|---|
| 类似菜品 | 牛肉馅饼、驼肉馅饼。 |

## 一、回勺面的介绍

回勺面源自山西的过油肉炒刀削面，随着走西口流传到呼和浩特，经过多年的传承和发展，成为一道具有呼和浩特特色的传统面食。回勺面是将刀削面煮熟，沥干水分，与过油肉、木耳、绿豆芽、蒜薹炒熟后用盘盛装。回勺面色彩丰富，面条爽滑筋道，营养搭配均衡。其中木耳能润肺止咳，降低心脑血管疾病的发病率，木耳含有的木耳酸性多糖和维生素K，能减少血小板的聚集，在预防血栓疾病发生方面的作用非常明显。绿豆芽性凉、味甘，能清暑热、调五脏、解诸毒、利尿除湿。蒜薹中含有丰富的维生素C，有明显的降血脂及预防冠心病和动脉硬化的作用。回勺面中过油肉外软里嫩，浓香油润，亦菜亦饭。回勺面是很多呼和浩特人在食物贫乏年代改善伙食的首选美味，如今已经成为回味过去的传统美食，深受老百姓喜欢。

## 二、回勺面的制作

### ① 回勺面的加工工艺流程

和面→削面→炒面→装盘

### ② 回勺面的加工制作

| 加工设备、工具 | | 灶具、砧板、刀具、削面器、漏勺、盛器。 |
|---|---|---|
| 原料 | 主料 | 精制面粉 500 克。 |
| | 辅助原料 | 水 225 克、过油肉 100 克、木耳 30 克、绿豆芽 50 克、寸段蒜薹 20 克、色拉油 20 克、老抽 5 克、生抽 10 克、食盐 4 克、葱末 20 克、蒜末 10 克、鲜姜末 10 克。 |
| 加工步骤 | | 步骤一:将精制面粉倒在案板上,中间开汤坑,加入水拌成絮状,和成硬面团,醒面 30 分钟,中间揉搓 2 次,让面团充分吸水,揉至光滑细腻。<br>步骤二:锅中放水烧开,将醒发好的面团用削面器削到锅中煮到八分熟,捞出放入漏勺,沥尽水分备用。<br>步骤三:锅烧热,加入色拉油,将葱末、鲜姜末、蒜末煸炒出香味,加入木耳、绿豆芽煸炒断生后加入过油肉、沥干水分的刀削面、蒜薹翻炒,再加入老抽、生抽、食盐调色、调味。<br>步骤四:将调好味、翻炒均匀的面盛入盘中。 |
| 技术关键 | | (1)面团要调制得硬一些,煮得硬一些。<br>(2)炒制时要注意投料顺序。 |
| 类似菜品 | | 炒疙瘩、炒面。 |

# 一、土豆包子的介绍

　　乌兰察布市位于内蒙古自治区中部,夏季平均气温只有 18.8 摄氏度,独特的气候,再加上这里大部分地区土壤为沙性土,使得乌兰察布成为国际公认的土豆产业黄金带。土豆可以作为主食,也可以做成菜肴。土豆包子就是具有代表性的土豆深加工产品之一,深受乌兰察布地区人民的欢迎。土豆包子是由土豆、猪肉、韭菜等制作而成。土豆低热量、高蛋白,是含有多种维生素和微量元素的健康食品,尤其含钾量较高。猪肉为人体提供优质蛋白和必需脂肪酸,但维生素含量较少。韭菜中含有较多的营养物质,尤其是纤维素、胡萝卜素、维生素 C,韭菜还含有挥发性的硫代丙烯,具有辛香味,可以增进食欲,还有散瘀、活血等功效。同时韭菜中的纤维素有助于肠胃蠕动,能有效预防习惯性便秘。由于多种原料营养互补,土豆包子适合大多数人食用。

# 二、土豆包子的制作

### ❶ 土豆包子的加工工艺流程

　　和面发酵→调制馅心→下剂成型→蒸制成熟→装盘

### ② 土豆包子的加工制作

| 加工设备、工具 | | 蒸箱、砧板、不锈钢小盆、擀面杖、馅挑、盛器。 |
|---|---|---|
| 原料 | 主料 | 土豆 500 克、精制面粉 500 克。 |
| | 辅助原料 | 猪五花肉 150 克、葱末 50 克、韭菜 100 克、胡萝卜 50 克、精盐 10 克、鸡精 5 克、鲜姜末 20 克、花椒粉 3 克、大料粉 2 克、料酒 10 克、胡麻油 30 克、酱油 20 克、酵母 5 克、泡打粉 5 克、水 250 克。 |
| 加工步骤 | | 步骤一：精制面粉中加入泡打粉拌匀，放在案板上，中间开汤坑，酵母放入水中搅匀，倒入面粉中拌成絮状，揉成光滑面团，醒发 30 分钟。<br><br>步骤二：土豆切成 0.5 厘米见方的小丁；猪五花肉切末；胡萝卜切末；韭菜顶刀切碎。将切好的原料全部放入不锈钢小盆中，依次加入葱末、鲜姜末、花椒粉、大料粉、精盐、鸡精、酱油、料酒、胡麻油，搅拌均匀备用。<br><br>步骤三：将醒发好的面团反复搓揉排气，揉匀，搓条，下 40 克一个的剂子，擀成中间稍厚、四周略薄的圆皮，用馅挑将馅心放在圆皮中间，用提褶的方法收口成半成品生坯，放入蒸笼内缓醒 10 分钟。<br><br>步骤四：将醒好的包子生坯放入烧开水的蒸箱中熟制 12 分钟，蒸熟取出装盘即可。 |
| 技术关键 | | (1) 和好的面团要静置发酵至 2 倍大。<br>(2) 醒发好的面团要反复搓揉排气。<br>(3) 生坯摆放要留有一定的间距，避免成熟膨胀相互粘连。 |
| 类似菜品 | | 芋头包子、三丁包子。 |

 羊肉沙葱包

## 一、羊肉沙葱包的介绍

羊肉,性温,有山羊肉、绵羊肉、野羊肉之分,古时称羊肉为羖肉、羝肉、羯肉。羊肉既能御风寒,又可补身体,对一般风寒咳嗽、慢性气管炎、虚寒哮喘、肾亏阳痿、腹部冷痛、体虚怕冷、腰膝酸软、面黄肌瘦、气血两亏、病后或产后身体虚亏等有补益效果。羊肉适宜冬季食用,被称为冬令补品,深受人们欢迎。羊肉的气味较重,给胃肠带来的消化负担也较重,并不适合脾胃功能不好的人食用。和猪肉、牛肉一样,过多食用羊肉这类含动物性脂肪多的食物,对心血管系统可能造成压力,因此羊肉虽然好吃,但是不应贪多。暑热天或发热患者慎食羊肉。海拉尔羊肉味道极其鲜美,且无腥膻之气,是羊肉中的上品。

## 二、羊肉沙葱包的制作

**1** 羊肉沙葱包的加工工艺流程

和面→调馅→搓条下剂→包制成型→蒸制成熟

**2** 羊肉沙葱包的加工制作

| 加工设备、工具 | | 擀面杖、刮面板、刀、蒸锅、盛器。 |
| --- | --- | --- |
| 原料 | 主料 | 雪花粉 500 克。 |
| | 辅助原料 | 冷水 300 克、酵母 8 克、泡打粉 6 克、羊肉 300 克、沙葱 300 克、盐 8 克、味精 5 克、花椒粉 1 克、干姜粉 3 克、茴香粉 2 克、鲜酱油 20 克、醋适量。 |

| | |
|---|---|
| 加工步骤 | 步骤一：在雪花粉中加入酵母、泡打粉、水，和成发酵面团，醒制30分钟备用。<br>步骤二：羊肉切成 0.5 厘米见方的小丁，加盐搅匀上劲，再加入醋搅匀。<br>步骤三：加入其他原料，搅拌均匀，包制成型。<br>步骤四：将包好的包子生坯均匀地摆在蒸笼内醒发 10 分钟，再入蒸箱蒸制 15 分钟后取出，装盘上桌。 |
| 技术关键 | （1）面团不能调制得太硬。<br>（2）蒸制时间不能太长。 |
| 类似菜品 | 素包子。 |

## 一、豆面的介绍

豆面是内蒙古鄂尔多斯地区的一道家常面食，是利用当地所产的豌豆或蚕豆加工成的面粉制作的风味面食。这一地区的农村办红白喜事时都会用豆面来招待客人。将豌豆或蚕豆加工成的面团擀成薄如纸的面片，切成面条，再浇上香浓的面卤,倒上陈醋,一碗具有当地风味的豆面就完成了。"擀薄切宽,陈醋调酸"是经常食用豆面的当地人总结出的经验。豌豆是一种非常有营养的食品,含有较多的微量元素:铬有利于脂肪和糖的代谢,维护胰岛的正常功能;铜有利于造血,以及脑和骨骼的生长发育。豌豆中的氨基酸和胆碱可防止动脉硬化。豌豆中维生素 C 的含量也是豆类中较高的。豌豆富含胡萝卜素,可防止人体致癌物的合成,从而减少癌细胞的形成。豌豆富含纤维素,能促进大肠蠕动,起到清洁大肠的作用。蒿籽含天然的多糖物质、蛋白质、烟酸、核黄素和钙、磷等营养物质。蒿籽中的沙蒿胶是一种高吸水性植物树脂胶,可以将无筋性的杂粮面粉黏合,能提高筋度,在煮制时不糊汤,耐煮性提高。卤汤主要由羊肉、土豆、豆腐等原料制作而成。羊肉是鄂尔多斯地区的山羊肉,山羊肉肉质细嫩,脂肪含量低,蛋白质含量高,氨基酸含量丰富,无膻味,鲜香爽口,风味独特。土豆健脾益气,能够促进脾胃的消化功能;土豆不仅脂肪含量低,还可以把身体多余的脂肪慢慢代谢掉。常食用土豆对心脑血管具有保护作用,土豆中丰富的钾元素可以有效预防高血压。豆面中羊肉卤汤鲜香,面条薄长爽滑,具有特殊的豆香味。

## 二、豆面的制作

### ❶ 豆面的加工工艺流程

和面→切配卤料→擀面切条→熬制面卤→煮面→装碗

### ❷ 豆面的加工制作

| 加工设备、工具 | | 煮面锅、炒锅、擀面杖、刀、盛器。 |
| --- | --- | --- |
| 原料 | 主料 | 豆面 500 克。 |
| | 辅助原料 | 羊肉 200 克、土豆 200 克、蒿籽 35 克、豆腐 150 克、色拉油 50 克、精盐 20 克、鸡精 10 克、酱油 15 克、花椒粉 2 克、干姜粉 5 克、葱末 30 克、姜末 15 克、高汤 1000 克。 |
| 加工步骤 | | 步骤一:将豆面放在案板上,中间开汤坑,蒿籽放入水中浸泡 10 分钟,倒入豆面中和成絮状,手蘸水反复揄捣面团,盖湿布醒制备用。<br>步骤二:将羊肉切丝,土豆去皮、洗净、切条,豆腐切条备用。 |

| | |
|---|---|
| 加工步骤 | 步骤三:将醒好的豆面放在案板上,擀成如纸般薄的面片,折起切成 0.5 厘米宽的面条。<br><br>步骤四:炒锅上火,倒入色拉油烧至 150 摄氏度,放入羊肉煸炒至变色,放入花椒粉、干姜粉、葱末、姜末炒出香味,加入酱油炒香,倒入高汤,大火烧开,放入切好的土豆条、豆腐条,加入精盐、鸡精调味,转小火煮至土豆软烂即可。<br><br>步骤五:煮面锅加水烧开,放入豆面条,待豆面条飘起翻滚两次马上捞出装碗,浇上熬好的面卤即可。 |
| 技术关键 | (1)和豆面时放蒿籽,可以起到黏合的作用,使豆面在煮制时不易断,口感爽滑。<br>(2)擀面时一定要擀成薄如纸的面片,切面时要粗细均匀。<br>(3)调制的面卤咸淡要适中。<br>(4)煮豆面条时水要大开,面条下锅飘起翻滚两次马上出锅,煮制时间不能太长。 |
| 类似菜品 | 手擀面。 |

# 一、擦面的介绍

擦面又称为擦尖、擦圪蚪,因制作工艺及形状而得名。用手掌根部把面团在铁质带眼的擦床上向前推行,面漏入沸水中成一节一节 3～5 厘米长的面条。擦面可由纯面粉制成,也可由面粉掺和一两种杂粮制作而成。擦面是山西的一道面食,清末,山西人进入内蒙古经商或谋生,不仅繁荣了当地的经济,而且将山西的文化及饮食带入了内蒙古,擦面就是其中之一。面粉加荞面、玉米面混合在一起制作的擦面营养全面、口感爽滑。荞麦含有蛋白质、膳食纤维、脂肪酸、亚油酸,以及铁、锌等微量元素和 B 族维生素、烟酸、芦丁等。芦丁有降低人体血脂和胆固醇、软化血管、保护视力以及预防脑血管出血等作用。荞麦中镁含量丰富,镁能促进人体纤维蛋白溶解,使血管扩张,抑制凝血块的形成,镁还可以维持神经肌肉兴奋性、促进骨骼的生长。荞麦所含膳食纤维是一般精制大米的 10 倍,经常食用荞麦,不仅可以增强免疫力,改善失眠多梦的状态,增加饱腹感,而且还可以美白皮肤,还是高血压、糖尿病等慢性病患者的理想食品。玉米面即棒子面,在北方称为粗粮,玉米面中含有非常多的维生素及人体所需的多种氨基酸、微量元素,以及不饱和脂肪酸等营养物质,现代研究证实,玉米面中的不饱和脂肪酸,尤其是亚油酸的含量非常高,能降低胆固醇的浓度,对高血脂、高血压等有一定的预防作用。玉米面所含的维生素 E 能促进细胞分裂,延缓衰老。擦面口感柔韧,汤底原料丰富,汤鲜味美。

# 二、擦面的制作

## 1 擦面的加工工艺流程

和面→熬臊子→擦面→装碗

**2 擦面的加工制作**

| 加工设备、工具 | | 煮面锅、炒锅、擦床、不锈钢盆、刀、盛器。 |
|---|---|---|
| 原料 | 主料 | 精制面粉 250 克。 |
| | 辅助原料 | 荞面 125 克、玉米面 125 克、猪肉 250 克、土豆 200 克、豆腐 150 克、菠菜 50 克、西红柿 100 克、香菜 30 克、葱末 30 克、姜蒜末各 20 克、精盐 20 克、鸡精 10 克、香醋 10 克、酱油 30 克、花椒粉和大料粉各 3 克、高汤 1000 克、色拉油 50 克、水 280 克。 |
| 加工步骤 | | 步骤一:将精制面粉、荞面、玉米面混合在一起,放入不锈钢盆中,加入水搅拌成絮状,揉成光滑面团,盖湿布醒制 20 分钟备用。<br><br>步骤二:将猪肉切成 1 厘米见方的丁,将土豆、豆腐、西红柿切成 1 厘米见方的丁,将菠菜、香菜顶刀切成 2 厘米的段。炒锅上火倒入色拉油,加热至 150 摄氏度,放入切好的猪肉丁,煸炒至变色,放入花椒粉、大料粉、葱末、姜蒜末炒香,再放入香醋和酱油翻炒,倒入高汤,加入土豆、豆腐,再加入精盐、鸡精调味,继续熬制 10 分钟后放入西红柿、菠菜,烧开即可。<br><br>步骤三:煮面锅上火加水,大火烧开转中火,擦床架锅上,将醒好的面团分成三小块,取一小块面团放在擦床上用手掌根部向前推擦,这样反复将面团擦入锅中,用筷子搅动防止粘连,将剩下的两块面团按此方法全部擦入锅中,大火烧开煮熟。<br><br>步骤四:将煮熟的擦面捞出装碗,浇上熬好的臊子,撒上香菜即可。 |
| 技术关键 | | (1)调配好三种面的比例。<br>(2)掌握好面团的软硬度,太软擦床漏不下去,太硬影响口感。<br>(3)擦入锅中的面要及时用筷子搅动,防止相互粘连。 |
| 类似菜品 | | 抿面。 |

## 一、沙葱烙的介绍

在内蒙古阿拉善地区，人们将采摘回来的新鲜沙葱，或凉拌或做馅食用。沙葱的食用方法有很多种，沙葱烙就是其中之一。沙葱烙选用新鲜沙葱做馅，包入发酵面皮中，烙制成熟。沙葱是沙漠草甸植物的伴生植物，常生长于海拔较高的沙壤戈壁中，形似幼葱，故称沙葱。沙葱分布零落，不易采摘。沙葱是西北地区人们喜爱的美味佳肴，可单独调制当凉菜食用，也可搭配羊肉或其他原料食用。沙葱不仅营养价值高，而且有一定的药用价值，沙葱含有多种维生素和微量元素，能健胃、缓解高血压症状。沙葱性温，入肺经和胃经，具有发汗、散寒的功效。沙葱中的多种微量元素可以直接作用于人的神经系统和大脑，能提高脑细胞活性，对神经衰弱和记忆力减退有很好的调理功效。发酵面皮中的淀粉被分解后，不仅能增进口感而且容易被人体消化吸收。沙葱烙为大小一致的圆形膨松小饼，表面金黄，外脆内软有弹性，馅心碧绿，口味清新。

## 二、沙葱烙的制作

### ❶ 沙葱烙的加工工艺流程

和面→调馅→下剂→成型→烙制成熟→装盘

**2 沙葱烙的加工制作**

| 加工设备、工具 | | 电饼铛、不锈钢盆、擀面杖、刀、盛器。 |
|---|---|---|
| 原料 | 主料 | 精制面粉 500 克。 |
| | 辅助原料 | 新鲜沙葱 900 克、花椒粉 4 克、姜末 20 克、精盐 12 克、鸡精 5 克、料油 50 克、色拉油 100 克、酵母 5 克、泡打粉 5 克、温水 280 克。 |
| 加工步骤 | | 步骤一：将精制面粉倒在案板上，加入泡打粉拌匀，中间开汤坑，酵母放入温水中搅匀，再倒入面粉中，将面粉拌成絮状，揉成光滑面团，盖湿布醒发 30 分钟备用。<br><br>步骤二：将新鲜沙葱洗净，沥干水分，放案板上，顶刀切成 1 厘米长的小段，放入不锈钢盆中，加入花椒粉、精盐、鸡精、姜末、料油搅拌均匀，制成馅料备用。<br><br>步骤三：将醒发好的面团放在案板上，反复揉搓排气，然后搓条，揪成 40 克一个的剂子，将剂子用手掌压扁，包入馅心，收口捏紧、压扁，用擀面杖擀成直径 10 厘米的圆饼生坯。<br><br>步骤四：电饼铛加热至 180 摄氏度，淋入色拉油，把制作好的生坯剂口朝上放入电饼铛中烙制，一面上色后翻烙另一面，两面烙至金黄熟透，铲出装盘即可。 |
| 技术关键 | | (1)调制的面团不能太硬，否则影响制作和成品口感。<br>(2)调制的馅心口味要清淡，调制好应尽快使用，久放容易出水。<br>(3)烙制要控制好温度，烙制时间不宜过长，否则容易烙干，影响成品口感。 |
| 类似菜品 | | 发面馅饼。 |

 **肉丝炒饼**

## 一、肉丝炒饼的介绍

炒饼是北方地区常见的一道面食，各地区有不同的制作方法。内蒙古鄂尔多斯地区的炒饼原料比较丰富，由烙好的饼丝、猪肉丝、土豆、豆腐、绿豆芽及粉条等原料制作出的炒饼不仅色、香、味俱全，而且营养丰富。猪肉是人们生活中非常熟悉的一种肉类食物，含有蛋白质、氨基酸、维生素及矿物质：猪瘦肉中的蛋白质能促进人体发育及受损细胞的修复和更新；猪肉中铁元素含量较高，铁元素是人体血液生成过程中必不可少的微量元素；猪肉中所含的维生素 A 能促进人体视紫红质的再生，使人维持正常的视觉功能，预防视力减退和夜盲症。土豆所含的粗纤维有促进胃肠蠕动、加速胆固醇在肠道代谢的作用，具有通便、降低胆固醇的功效；土豆不仅是低热量、高蛋白、富含多种维生素和微量元素的食品，也是理想的减肥食品。豆腐的营养价值非常高，含有多种维生素和矿物质，尤其钙、铁、锌的含量特别高。绿豆芽不仅食用性强，而且有很高的药用价值，中医认为绿豆芽性凉、味甘，不仅能清暑热、解诸毒，还能补肾、消肿、调五脏、降血脂和软化血管。肉丝炒粉食材的丰富不仅增强了食欲，还使营养更加全面。

## 二、肉丝炒饼的制作

**❶ 肉丝炒饼的加工工艺流程**

和面→烙饼→炸土豆、炸豆腐→炒制成熟→装盘

**❷ 肉丝炒饼的加工制作**

| 加工设备、工具 | 电饼铛、炒锅、擀面杖、不锈钢盆、刀、漏勺、盛器。 |
| --- | --- |

| 原料 | 主料 | 精制面粉 500 克。 |
|---|---|---|
| | 辅助原料 | 猪肉丝 150 克、土豆 200 克、豆腐 200 克、细粉条 150 克、绿豆芽 200 克、青红椒丝 50 克、猪油 50 克、花椒粉和大料粉各 2 克、葱末 30 克、姜蒜末各 12 克、精盐 15 克、鸡精 5 克、酱油 30 克、色拉油 500 克、开水 300 克。 |
| 加工步骤 | | 步骤一：将精制面粉放入不锈钢盆中，倒入开水，用筷子搅匀，揉成光滑面团，盖湿布醒制备用。<br>步骤二：将醒好的面团放在案板上，搓条，揪成 50 克一个的剂子。将剂子压扁，表面刷一层色拉油，撒少许扑面，把两个剂子刷油的一面对叠在一起，压成一个剂子，用擀面杖擀成 0.3 厘米厚的圆形饼坯。电饼铛加热至 150 摄氏度，放入擀好的饼坯，烙至一面表面出现气泡翻烙另一面，待圆饼中间鼓起取出。将圆饼从中间分开成两张圆饼，将所有饼烙好切成 0.4 厘米宽的饼丝备用。<br>步骤三：炒锅上火倒入色拉油，加热至 180 摄氏度，将土豆去皮、洗净，切成 0.5 厘米宽的条，下油锅炸至金黄，熟透捞出；将豆腐切成 0.5 厘米厚的片，下油锅炸至金黄捞出，再切成 0.5 厘米宽的条备用。<br>步骤四：炒锅上火放入猪油，加热至 150 摄氏度，放入猪肉丝煸炒至变色，加入花椒粉和大料粉、葱末、姜蒜末炒出香味。绿豆芽炒至断生，加入酱油翻炒均匀，加入细粉条、切好的饼丝翻炒均匀，再加入炸好的土豆条、豆腐条，加精盐、鸡精、青红椒丝翻炒均匀，调味后出锅，装盘即可。 |
| 技术关键 | | (1)掌握好面团的软硬度。<br>(2)烙饼时间不能太长，否则容易烙干，影响口感。<br>(3)炒饼时控制好火候，避免粘锅。 |
| 类似菜品 | | 回勺面。 |

*Note*

## 一、荞面猫耳朵的介绍

　　猫耳朵是我国北方地区的一道常见面食,因成型后卷曲,形似猫耳而得名。在呼和浩特地区,猫耳朵又叫"圪团",不仅可以用面粉制作,还可以用莜面、荞面等各种杂粮制作,配以各种汤卤,口感爽滑,营养丰富,是一道家常面食。汤卤是由猪肉、豆腐、黄花、木耳、菠菜等多种原料加工而成,含有丰富的动物蛋白和植物蛋白。此外,黄花、菠菜、木耳中不仅铁的含量非常丰富,而且含有大量的维生素、叶酸、磷脂等。荞面猫耳朵形状小巧,口感柔韧耐嚼,汤底原料丰富,营养美观。

## 二、荞面猫耳朵的制作

### ❶ 荞面猫耳朵的加工工艺流程

和面→配料熬臊子→制作猫耳朵→煮制→装碗浇臊子

### ❷ 荞面猫耳朵的加工制作

| 加工设备、工具 | 煮面锅、炒锅、擀面杖、刀、漏勺、盛器。 |
| --- | --- |

| 原料 | 主料 | 精制面粉 250 克、荞面 250 克。 |
|---|---|---|
| | 辅助原料 | 猪肉 250 克、豆腐 150 克、水发黄花 50 克、水发木耳 50 克、菠菜 50 克、西红柿 100 克、香菜 30 克、葱末 30 克、姜蒜末各 20 克、精盐 20 克、鸡精 10 克、香醋 10 克、酱油 30 克、花椒粉和大料粉各 3 克、高汤 1500 克、色拉油 50 克、温水 270 克。 |
| 加工步骤 | | 步骤一：将精制面粉和荞面混合在一起，加入温水和成面团，揉光，盖湿布醒制备用。<br>步骤二：将猪肉切成 1 厘米见方的丁，豆腐、西红柿切成 1 厘米的丁，水发黄花、菠菜、香菜顶刀切成 2 厘米的段，水发木耳切碎，炒锅上火倒入色拉油，加热至 150 摄氏度，放入切好的猪肉丁，煸炒至变色，放入花椒粉和大料粉、葱末和姜蒜末炒香，放入香醋和酱油，翻炒后倒入高汤，加入豆腐、水发黄花、水发木耳烧开，加入精盐、鸡精调味，熬制 10 分钟再放入西红柿、菠菜，烧开即可。<br>步骤三：将醒好的面团放在案板上用擀面杖擀成 1 厘米厚的长方形大片，用刀将长方形大片切成 1 厘米宽的条，撒上扑面避免粘连，再切成 1 厘米的小丁，用拇指将小丁向前推压成较薄的两边卷翘的猫耳朵生坯。<br>步骤四：锅中加水烧开，放入制作好的猫耳朵生坯，煮熟后捞出装碗，浇上臊子，撒上香菜即可。 |
| 技术关键 | | （1）调制的面团软硬要适中，太软影响形状，太硬口感不好。<br>（2）面丁要切得均匀一致，推出的猫耳朵要圆润。<br>（3）煮制时要注意不能夹生。 |
| 类似菜品 | | 珍珠面。 |

 沙葱土豆饼

## 一、沙葱土豆饼的介绍

　　沙葱土豆饼表皮金红,中间夹着清脆绿色的沙葱,饼质酥软,口感咸香。沙葱是百合科多年生草本野生植物,茎叶针状,常生于海拔较高的沙漠戈壁中,形似幼葱,故名沙葱。沙葱生长分布零落,不易采割,产量随气候和雨量的不同有所增减。新鲜的沙葱可以凉拌或做馅,还可以腌制,食用方法很多。沙葱土豆饼由沙葱、土豆、荞面等制成。土豆健脾益气,能够促进脾胃的消化功能;土豆中含有丰富的钾元素,可以有效预防高血压。人们常以荞面作为糖尿病患者饮食调节的主要食物,但脾胃虚寒者不宜多食。沙葱土豆饼中,沙葱、土豆、荞面按比例搭配,在提高风味的同时也提高了营养价值,沙葱土豆饼适合各类人群食用。

## 二、沙葱土豆饼的制作

**1** 沙葱土豆饼的加工工艺流程

蒸土豆→择洗、加工沙葱→调制面团→下剂成型→烙制成熟→装盘

### ❷ 沙葱土豆饼的加工制作

| 加工设备、工具 | | 电饼铛、蒸锅、刀、不锈钢盆、盛器。 |
|---|---|---|
| 原料 | 主料 | 土豆500克。 |
| | 辅助原料 | 沙葱200克、荞面150克、精盐10克、鸡精4克、花椒粉1克、色拉油50克。 |
| 加工步骤 | | 步骤一:将土豆去皮、洗净、切片,上笼蒸熟后取出,捣成泥备用。<br>步骤二:将沙葱择洗干净,沥干水分,顶刀切成1厘米长的段。<br>步骤三:将土豆泥放入不锈钢盆中,加入切好的沙葱、荞面、精盐、鸡精、花椒粉揉搓成面团。<br>步骤四:将调制好的土豆面团放在案板上,搓条,揪30克一个的剂子,逐个搓成圆球状,再用手掌压成0.5厘米厚的圆饼。<br>步骤五:电饼铛加热至200摄氏度,淋入色拉油,将制作好的饼坯放入烙制,一面呈金黄后翻烙另一面,两面烙至金黄熟透,取出装盘。 |
| 技术关键 | | (1)各种原料的配比要恰当。<br>(2)土豆泥要细腻,调制的面团要软硬适中。<br>(3)土豆饼大小、厚薄要一致。<br>(4)煎烙时油要稍多一些,要掌握好火候。 |
| 类似菜品 | | 红薯饼、南瓜饼。 |

# 模块三

# 点心、小吃类面点制品

**知识目标**

了解内蒙古地区点心、小吃类面点制品的制作及特点。

 混糖月饼

## 一、混糖月饼的介绍

月饼是中国传统节日中秋节的节日食品,月饼自古就因地域、风俗和饮食习惯的不同而品种繁多。混糖月饼流行于山西、内蒙古、河北、陕西、甘肃、宁夏、青海等中国北方中西部一带地区,是每年中秋节最受欢迎的地方特色月饼。受当地的人文水土、气候环境影响,比起广式月饼、苏式月饼,更有传承的意义和文化的延续。混糖月饼起源于山西大同和右玉一带,尤其是右玉县有专业的月饼生产加工基地。混糖月饼在口味上分为普通口味和清真口味,内蒙古自治区的混糖月饼以乌兰察布的丰镇月饼最具代表性。丰镇月饼以当地特产的胡麻油,配上面粉、白砂糖或红糖,色泽棕红油亮,酥润香甜。混糖月饼的主要配料有白糖、胡麻油、芝麻等,白糖性平味甘,有润肺生津、补中益气的功效。芝麻中含有芝麻素,有抗氧化的作用,可保肝护心,延缓衰老。混糖月饼含油糖较多,糖尿病患者、肥胖人群不建议食用。

## 二、混糖月饼的制作

**1 混糖月饼的加工工艺流程**

熬制糖水→和面→下剂成型→烤制成熟→装盘

**2 混糖月饼的加工制作**

| 加工设备、工具 | 锅、不锈钢盆、擀面杖、烤箱、烤盘。 |
| --- | --- |

| 原料 | 主料 | 精制面粉 5000 克。 |
|---|---|---|
| | 辅助原料 | 小苏打 50 克、泡打粉 40 克、胡麻油 1500 克、白糖 1500 克、水 2000 克、熟芝麻 200 克。 |
| 加工步骤 | | 步骤一：锅中加入水、白糖，上火烧开。<br>步骤二：将加入小苏打、泡打粉的精制面粉放入不锈钢盆中，中间开汤坑，倒入胡麻油，再将烧开的糖水倒入胡麻油中，与面粉拌匀和成面团。<br>步骤三：将和好的面团搓条，揪 150 克一个的剂子，将剂子揉成馒头状收口，光面粘熟芝麻，擀成直径 10 厘米的圆饼，芝麻面朝下摆入烤盘内。<br>步骤四：烤箱设置上火 260 摄氏度、下火 240 摄氏度，将烤盘推入，烤制 15 分钟。月饼表面金红、外皮挺硬时拉出烤盘，用尖头筷子在每个月饼上扎 4 个洞，然后在表面刷一层胡麻油，推入烤箱再烤 5 分钟，待月饼表面棕红熟透取出，晾凉后装盘。 |
| 技术关键 | | （1）精制面粉选用中筋粉为宜。<br>（2）和面时拌至无干粉即可，不可揉面，以免起筋影响口感。<br>（3）掌握好烤制的时间。 |
| 类似菜品 | | 混酥。 |

 馓子

## 一、馓子的介绍

馓子自古南北方都有,其历史悠久,且历代叫法不一。馓子,又称食馓、捻具、寒具,是一种油炸食品,香脆精美。北方馓子以麦面为主料,南方馓子多以米面为主料。馓子色泽黄亮、层层叠叠、轻巧美观,干吃香脆可口,泡过牛奶或豆浆后入口即化。馓子是回族的传统风味名点之一,逢年过节,每家都要炸制馓子食用和招待客人。馓子因制作工艺以及制品口感需要高温炸制,油脂经高温作用后,不饱和脂肪酸发生聚合,形成一些不易被人体消化吸收的化学物质,所以日常饮食中要少食油炸食品。

## 二、馓子的制作

### ❶ 馓子的加工工艺流程

和面→制作馓子面坯→炸制成熟→装盘

### ❷ 馓子的加工制作

| 加工设备、工具 | | 盛器、油锅、刀、不锈钢盆、筷子。 |
| --- | --- | --- |
| 原料 | 主料 | 精制面粉 500 克。 |
| | 辅助原料 | 水 225 克、精盐 6 克、黑芝麻 30 克、色拉油 50 克。 |
| 加工步骤 | | 步骤一:将精制面粉放入不锈钢盆中,加入精盐、黑芝麻和色拉油,混合搅拌均匀,加入水拌成絮状,揉成面团,盖湿布醒面 10 分钟,反复揉至面团光滑滋润,盖湿布醒面备用。 |
| | | 步骤二:将醒好的面团擀成 0.2 厘米厚的长方形大片,用刀切成宽 15 厘米的条,对折上面开口处,留出 2 厘米不切,下面切宽 0.8 厘米的条,从第十条处上下全部切断成单独生坯,将生坯拿起,抓住一头从切条中间穿过翻出抻展成馓子生坯。 |

| 加工步骤 | 步骤三：锅中加入色拉油，加热至 220 摄氏度，将制作好的馓子生坯放入油锅中，炸至一面上色后翻过来炸另一面，炸至表层有小泡、变为橙黄色就可以捞起来控油装盘。 |
| --- | --- |
| 技术关键 | （1）面团不能和得太软，否则成品不够酥脆。<br>（2）擀制的面片要薄。<br>（3）炸制时要控制好温度，及时翻转。 |
| 类似菜品 | 麻花。 |

# 一、哈达饼的介绍

哈达饼是内蒙古自治区赤峰市（昭乌达草原）的传统名点。其制作工艺特殊，成品易久存、便于携带，适合游牧部族食用。在一个半世纪之前，昭乌达盟（赤峰）当地的厨师在做豆沙饼时，由于剂头无酥、少馅成了余面，于是厨师就想出了一个办法，把剂头擀开，在表面裹上酥和糖烙饼，结果当天做出来的饼被一抢而空。一道名小吃就这样出乎意料地诞生了，名曰哈达饼。赤峰当地的厨师们争相效仿，一时间哈达饼名声大噪，成了当地家喻户晓的美食。哈达饼层次清晰，薄如纸，味香甜，入口即化，久储不坏，携带方便。哈达饼的皮料中除面粉外还有猪油和奶油，猪油中含有饱和脂肪酸和不饱和脂肪酸,为人体提供热量。馅料中的桂花含有芳香物质,能去除口中异味,稀释痰液,促进呼吸道中痰液排出,具有化痰、止咳、平喘的作用。馅料中松子仁的磷和锰含量丰富,对大脑和神经有补益作用。哈达饼酥香可口,营养互补,既可作为正餐甜点也可作为零食,是一种营养丰富的美食佳品。

## 二、哈达饼的制作

### ① 哈达饼的加工工艺流程

和面→调馅→包制成型→烙制成熟→装盘

### ② 哈达饼的加工制作

| 加工设备、工具 | | 电饼铛、擀面杖、刀、不锈钢盆、盛器。 |
|---|---|---|
| 原料 | 主料 | 精制面粉500克。 |
| | 辅助原料 | 水150克、猪油125克、奶油30克、松子仁10克、熟芝麻5克、青红丝5克、绵白糖150克、糖桂花10克。 |
| 加工步骤 | | 步骤一:将250克精制面粉与奶油搅拌均匀,加水调制成水油酥面团;另外250克精制面粉中加入猪油搅拌均匀,制成干油酥面团。<br>步骤二:将松子仁、青红丝用刀切成细粒,和绵白糖一同放入不锈钢盆中,加入熟芝麻、糖桂花搅拌均匀成馅。<br>步骤三:分别将水油酥面团、干油酥面团揪成10个剂子,水油酥剂子包干油酥剂子,压扁,擀成0.2厘米厚的圆片,均匀地撒上拌好的甜馅心,从上向下,从两端向中间卷拢,盘成圆饼,将圆饼擀成直径约15厘米的薄圆饼,即为生坯。<br>步骤四:电饼铛加热至120摄氏度,将擀好的饼坯表面刷猪油放入电饼铛中烙制,一面烙至发白翻烙另一面,两面烙至淡黄色即成熟,取出装盘。 |
| 技术关键 | | (1)水油酥、干油酥比例为1:1。<br>(2)烙制时温度不能太高,成品色泽淡黄。 |
| 类似菜品 | | 芙蓉饼。 |

## 一、巴盟酿皮的介绍

　　酿皮是内蒙古自治区的传统小吃。特别是巴盟酿皮,利用巴盟(巴彦淖尔,简称巴盟)本土的原料,精工细作,形成了自己独特的风格。酿皮是用面粉作为主要原料,经特殊加工工艺,将面粉中的淀粉与面筋蛋白质分离,制作成酿皮和面筋块。酿皮料汁配料较多,咸香味浓,酸辣刺激。其中,醋具有开胃、促进唾液和胃液的分泌、帮助消化吸收的作用,同时醋还具有很好的杀菌、抑菌作用,能有效预防肠道疾病。辣椒可促进血液循环。大蒜中的杀菌素含量较高,可消炎、杀菌、降血脂、降血压、降血糖,还可补脑、改善睡眠。芹菜对高血压、血管硬化、高血糖以及神经衰弱等病症有预防和辅助治疗的效果。蔬菜搭配调味料,再加上自制的烂腌菜,使得巴盟酿皮风味独特、营养美味。巴盟酿皮是北方人消暑驱火的最佳选择。酿皮虽是小吃,但可作为主食充饥解饿,也可充当下酒冷盘,冷热均宜,四季可食。

## 二、巴盟酿皮的制作

### ❶ 巴盟酿皮的加工工艺流程

　　和面制浆→蒸制→调配汁料→调味→装盘

### ❷ 巴盟酿皮的加工制作

| 加工设备、工具 | 不锈钢盆、刀、蒸锅,蒸笼。 |
| --- | --- |

*Note*

| 原料 | 主料 | 精制面粉 500 克。 |
|---|---|---|
| | 辅助原料 | 水 550 克（凉开水 300 克）、酱油 25 克、醋 45 克、精盐 12 克、鸡精 6 克、碱 2 克、花椒油 20 克、辣椒油 20 克、熟芝麻碎 30 克、熟花生碎 30 克、蒜末 35 克、葱油 25 克、黄瓜丝 100 克、蒜水 40 克、芹菜丁 80 克、烂腌菜 200 克。 |
| 加工步骤 | | 步骤一：将精制面粉放入不锈钢盆中，加入 250 克水，搅拌成絮状，揉制成团，盖湿布醒面 30 分钟，醒面过程中再揉两次，使面团光滑滋润，将醒好的面团放入水盆中反复揉洗，使淀粉与面筋分离，淀粉静置沉淀，将面筋捞出。<br>步骤二：面筋中加入碱揉匀，上笼蒸熟，取出晾凉，用刀切成 2 厘米见方的丁备用。沉淀后的淀粉倒出多余水分，加入 5 倍淀粉的清水，再加入精盐，搅成糊状。蒸锅水烧开，将一个酿皮旋子底部刷油，舀一勺淀粉糊，倒入其中摇匀，放入蒸笼，加盖蒸 3 分钟取出，放置一边晾凉，另一个酿皮旋子舀淀粉糊继续蒸制。晾凉的酿皮取出放在案板上。如此重复，将淀粉糊全部制作完成。<br>步骤三：将酱油、醋、精盐、鸡精放入不锈钢盆中，加入 200 克凉开水调匀，蒜末放入碗中，加 100 克凉开水备用。<br>步骤四：食用时取两张酿皮，卷起，切成 2 厘米宽的条，抖散放于碗中，加入面筋块、黄瓜丝、芹菜丁、烂腌菜、熟花生碎、熟芝麻碎、花椒油、葱油、蒜水、辣椒油，浇上调料水拌匀，即可食用。 |
| 技术关键 | | （1）洗面筋时要将淀粉洗净，否则影响面筋口感。<br>（2）淀粉糊要稠稀适度，太厚则僵硬、易断。<br>（3）每一次舀淀粉糊时都要搅动均匀。 |
| 类似菜品 | | 东北拉皮。 |

 荞面碗托

## 一、荞面碗托的介绍

荞面碗托是山西北部、陕西北部、内蒙古准格尔旗地区的一种特色传统面食，又称为碗团。荞面碗托有两种做法。其一是将荞面用温水和成面团，放入盆中加水反复揉搓，使荞面面团慢慢变成糊状，然后盛入碗中上笼蒸制成熟。其二是荞麦去皮后成为糁子，将糁子于前一日用水泡软，拳揣成糊状，细箩过筛后舀入碗内上笼蒸制成熟。种类繁多的荞麦食品是受人们普遍欢迎的健康食品。荞面碗托就是荞麦众多的食用类型之一。

## 二、荞面碗托的制作

### ① 荞面碗托的加工工艺流程

和面→蒸制成熟→调味→装盘

### ② 荞面碗托的加工制作

| 加工设备、工具 | | 蒸锅、蒸笼、碗、不锈钢盆。 |
| --- | --- | --- |
| 原料 | 主料 | 荞面 150 克。 |
| | 辅助原料 | 凉开水 310 克、蒜末 20 克、生抽 20 克、香醋 40 克、干姜粉 5 克、熟芝麻粉 30 克、香菜末 5 克、香油 5 克、精盐 2 克、味精 3 克。 |
| 加工步骤 | | 步骤一：先往荞面中加入 110 克凉开水，边加水边用筷子搅拌，直至成絮状，最后用手揉成团，面团中间开汤坑，加一点水，加水后开始揉搓，揉搓一会儿继续加水揉搓，直至面糊里没有疙瘩，用筷子挑起面糊，面糊呈直线缓缓流下即可。 |

| 加工步骤 | 步骤二：碗中刷少许油，将面糊倒入碗中，入蒸锅，大火烧开转中火，蒸 25 分钟后关火，取出晾凉。<br>步骤三：将精盐、味精、生抽、干姜粉、熟芝麻粉、香醋、香油、蒜末一同放入不锈钢盆中，加入 200 克凉开水搅匀成料汁，食用时将蒸好晾凉的荞麦碗托从碗中取出，切成条状或菱形块，放入碗中浇上料汁、撒上香菜末即可。 |
| --- | --- |
| 技术关键 | （1）掌握好面糊调制的稠稀度。<br>（2）蒸制的时间不能太短。 |
| 类似菜品 | 米面凉粉。 |

## 一、芙蓉饼的介绍

芙蓉饼是呼和浩特地区的传统名点。芙蓉饼是层酥类面点白皮酥的品类，是一种烙制方法成熟、很有特色的饼，因外形似洁净淡雅、白里泛黄的芙蓉花而得名。清末民初时，芙蓉饼就已非常有名，传承至今，除了保留原有的风格外，在用料和制作工艺上有了较大改进。现今的芙蓉饼在色、质、味、形上更具特色，色泽淡雅，大小及薄厚一致,切开后酥层均匀,馅心色彩绚丽,皮质酥松,馅心幽香,甘甜不腻。芙蓉饼的用料以面粉为主,配以猪油、馅心糖以及各种果脯、干果。各种果仁营养丰富,如松子仁含有蛋白质、脂肪、钙、磷、铁等,所含脂肪中大部分为亚油酸、亚麻酸、花生四烯酸等有益于健康的必需脂肪酸,经常食用可滋补强身。花生除含有优质蛋白和脂肪外,还含有叶酸、维生素 $B_6$、维生素 $B_1$、维生素 $B_2$ 及铜、磷、锌、铁等多种营养素。核桃仁中含有丰富的维生素 E,不仅有缓解压力和疲劳的作用,还可以减少肠道对胆固醇的吸收。各种果脯含有丰富的草酸、苹果酸、维生素及有益的矿物质。芙蓉饼馅料不仅香甜可口,且营养丰富。

## 二、芙蓉饼的制作

### ❶ 芙蓉饼的加工工艺流程

和面调酥→调馅→包酥成形→烙制成熟→装盘

### ❷ 芙蓉饼的加工制作

| 加工设备、工具 | | 电饼铛、擀面杖、不锈钢盆、盛器。 |
|---|---|---|
| 原料 | 主料 | 精制面粉 500 克。 |
| | 辅助原料 | 水 175 克、猪油 160 克、白糖 250 克、京糕 30 克、青梅 30 克、瓜条 30 克、果脯 30 克、蜜枣 30 克、熟芝麻 20 克、花生仁 20 克、松子仁 20 克、核桃仁 20 克、玫瑰酱 15 克、熟面粉 85 克（蒸制或烤制成熟的面粉）、胡麻油 50 克、青红丝适量。 |
| 加工步骤 | | 步骤一:向 300 克精制面粉中加入 60 克猪油,搅拌均匀,加入水和成面团,揉搓光滑,醒面备用;另在 200 克精制面粉中加入 100 克猪油制成油酥面团。<br>步骤二:将白糖放入不锈钢盆中,加入熟面粉、胡麻油、青红丝、玫瑰酱搅拌均匀,京糕、青梅、瓜条、果脯、蜜枣切碎,把花生仁、核桃仁、松子仁、熟芝麻用擀面杖擀碎,一同加入白糖中搅拌均匀,制成玫瑰白糖馅。<br>步骤三:案板上撒扑面,将醒制好的面团（皮面）放在案板上,用手将皮面压成中间厚、四周薄的圆饼,包入油酥,擀成 0.3 厘米厚的长方形大片,由上向下卷起,揪 100 克一个的剂子,将剂子压扁,包入 100 克玫瑰白糖馅,收口,擀成直径 15 厘米的圆饼。 |

| 加工步骤 | 步骤四：电饼铛加热至120摄氏度，把擀好的饼坯正面抹猪油，剂口朝上放入电饼铛内烙制，烙至一面微泛黄翻过来再烙另一面，直至两面呈白底、有不规则米黄色火晕，饼面及周边酥皮翘起熟透后取出装盘。 |
| --- | --- |
| 技术关键 | （1）皮面和酥面的比例要合适，软硬度要适当，开酥要均匀。<br>（2）包馅收口时，剂口的面不宜多，必要时可打掉剂头，防止饼皮一面过厚。<br>（3）擀制成型时，饼的两面都要擀制，以保证饼的上下两面及其周边酥层薄厚一致。 |
| 类似菜品 | 什锦酥饼。 |

 炉饼

## 一、炉饼的介绍

炉饼是呼和浩特地区的传统名点，距今已有百年的历史。清末民初，归化城流行的一种玫瑰夹沙饼深受当地人喜爱，这也是外来商人喜欢的小吃，但经常食之也难免乏味。一位卢姓商人别出心裁地向店主建议，将酥面加以改进，即将原来的胡麻油酥面改为胡麻油和猪板油混合制成油酥面，改进后的效果果然不错，因此取名

为卢饼,后演变为炉饼。随着生活水平的不断提高,人们的口味也在不断地变化,炉饼在用料以及制作方法上也有所改进,即将原来皮面中加入的老肥改为酵母,加入鸡蛋,从而使制品吃起来口感更佳,色泽和外观更漂亮,更符合现代人的口味和要求。炉饼的制作工艺较为精细、复杂,不仅酥面的制作方法独特,而且包两层不同口味的馅心,烙制成熟后外皮酥脆油润,馅心香甜,风味独特。炉饼馅心中的豆沙含有 B 族维生素、维生素 C 以及所需的钙、铁、磷等矿物质,具有健脾肾、生精液的功效。糖的代谢需要各种维生素和矿物质的参与,豆沙馅正好可以补充。炉饼馅心中的果脯含有丰富的草酸、苹果酸、维生素及有益的矿物质,所以炉饼是一款既营养又美味的面点制品。

## 二、炉饼的制作

### ❶ 炉饼的加工工艺流程

和面调酥→调馅→包酥成型→烙制成熟→装盘

### ❷ 炉饼的加工制作

| 加工设备、工具 | | 电饼铛、擀面杖、不锈钢盆、盛器。 |
|---|---|---|
| 原料 | 主料 | 精制面粉 500 克。 |
| | 辅助原料 | 温水 200 克、胡麻油 150 克、猪板油丁 150 克、白糖 200 克、什锦果脯 80 克、熟面粉 50 克、熟花生碎 30 克、熟芝麻 30 克、豆沙馅 450 克、酵母 2 克。 |
| 加工步骤 | | 步骤一:350 克精制面粉中加入 70 克胡麻油搅拌均匀,温水中加入酵母搅匀,倒入面粉中和成面团,将面团揉搓光滑,醒面备用。150 克面粉中加入 80 克胡麻油搓匀,再加入猪板油丁擦拌均匀,制成油酥面团备用。步骤二:将什锦果脯切成小粒,熟芝麻用擀面杖研碎,与白糖、熟面粉、熟花生碎一同放入不锈钢盆中拌匀成糖馅,将豆沙馅分成 50 克一个的馅,揉圆,压成圆饼状备用。 |

| 加工步骤 | 步骤三:案板上撒扑面,将醒制好的面团(皮面)放在案板上,用手压成中间厚、四周薄的圆饼,包入油酥面团,擀成 0.3 厘米厚的长方形大片,将长方形大片由上向下卷起,揪 100 克一个的剂子,用手压扁成皮,放入豆沙馅,再包入 50 克调制好的糖馅收口,擀成 18 厘米的圆饼。<br>步骤四:电饼铛加热至 180 摄氏度,饼面刷油,剂口朝上放入电饼铛中,烙至一面金黄再翻烙另一面,烙至两面金黄成熟取出装盘。 |
|---|---|
| 技术关键 | (1)皮面与酥面的比例要恰当,保证制品的特色。<br>(2)调酥时加入猪板油丁后,擦拌均匀即可,放置时间不可太长,否则猪板油丁熔化导致油酥太软,影响包酥。<br>(3)包酥、开酥动作要娴熟,不可漏酥影响包制。<br>(4)掌握好烙制温度,保证成品色泽均匀。 |
| 类似菜品 | 豆沙饼。 |

# 一、黄米炸糕的介绍

黄米炸糕是内蒙古自治区中西部地区人们喜爱的传统风味面点,当地老百姓称为油糕,因其谐音为"又高",所以当地老百姓常将黄米炸糕作为孩子升学考试、

过节、待客、盖房上梁、婚丧宴请的主食。黄米炸糕色泽金黄,外脆里黏,黏而不腻,
色美味香,人皆喜欢。黄米炸糕由黄米、芸豆、白糖、胡麻油等制成。黄米不输江米
的好口感,更是多了一份绵绵的香甜和回味。黄米中含有丰富的维生素和胡萝卜
素,味甘、性微寒,具有补虚损、益精气、润肺、补肾的功效,经常食用黄米对肺肾阴
虚、久病体虚有良好的补益作用。黄米还具有刺激胃肠道蠕动,促进排便的功效。
芸豆是一种高钾、高镁、低钠食品,尤其适合心脏病、动脉硬化、高脂血症和低钾血
症患者食用,芸豆所含的膳食纤维还可缩短食物通过肠道的时间,是一种理想的减
肥食品。

## 二、黄米炸糕的制作

**1** 黄米炸糕的加工工艺流程

拌粉蒸制→搋捣成团→制馅→成型→炸制成熟→装盘

**2** 黄米炸糕的加工制作

| 加工设备、工具 | | 油锅、蒸锅、蒸笼、不锈钢盆、盛器。 |
| --- | --- | --- |
| 原料 | 主料 | 黄米面500克。 |
| | 辅助原料 | 水200克、芸豆250克、白糖100克、胡麻油1000克。 |
| 加工步骤 | | 步骤一:将黄米面放入不锈钢盆中拌成颗粒状,蒸锅放水烧开后放上笼屉,铺上纱布,将拌好的黄米面均匀地撒在纱布上,盖上笼盖蒸制12分钟,成熟后取出倒在案板上,双拳蘸凉水充分搋捣至光滑滋润即可。<br>步骤二:芸豆放入锅中加水煮至绵烂,收干水分关火,加入白糖,用勺子将芸豆捻烂,与白糖搅匀,盛出备用。<br>步骤三:黄米面团搓条,揪50克一个的剂子,压扁,用手抻拉成皮,包入25克芸豆馅,对折捏成饺子形。<br>步骤四:锅中倒入胡麻油,加热至150摄氏度,将包好的黄米糕坯放入锅中,炸至起泡、色泽金黄捞出装盘。 |

| 技术关键 | （1）拌粉加水量要根据黄米面的干湿度灵活掌握。<br>（2）蒸制时拌好的黄米面要一层一层慢慢撒入。<br>（3）炸制时油温不能太高，油温太高制品表面不会起泡，影响成品口感和质量。 |
| --- | --- |
| 类似菜品 | 糯米炸糕。 |

## 一、一窝丝的介绍

  一窝丝是内蒙古自治区中部地区的传统精制面点。一窝丝在制作过程中采用抻面的技术，把抻出的条蘸植物油后再抻拉盘卷成型，烙制成熟。一窝丝饼丝金黄，粗细均匀一致，晶莹油润，质感柔韧爽口，油香甘甜，属于高档的面点制品。在餐饮行业中能够制作一窝丝的人，其技术水平都是比较高的。一窝丝的原料包括面粉、胡麻油、豆沙馅、白糖等。面粉中含有淀粉、植物蛋白以及维生素和矿物质，是人体补充热量和植物蛋白的重要来源。豆沙馅营养较为丰富，含有 B 族维生素、维生素 C 以及所需的钙、铁、磷等矿物质。

## 二、一窝丝的制作

### ❶ 一窝丝的加工工艺流程

调制面团→溜条→出条成型→烙制成熟→装盘

### ❷ 一窝丝的加工制作

| 加工设备、工具 | | 电饼铛、不锈钢盆、刀、盛器。 |
| --- | --- | --- |
| 原料 | 主料 | 精制面粉1000克。 |
| | 辅助原料 | 水600克、胡麻油或色拉油1000克、白糖50克、精盐6克、豆沙馅400克。 |
| 加工步骤 | | 步骤一:将精制面粉放入不锈钢盆中,中间开汤坑,将精盐放入水中搅匀,再慢慢倒入面粉中搅拌均匀,和成面团,用手蘸水搋捣至面团光滑、不黏手,静置醒面30分钟。<br>步骤二:将醒制好的面团放在案板上搓成长条,双手握住面团两端上下抖动,抻长后双手前后甩动,使面条拧麻花劲,将两手面头合入一只手,另一只手抓住面条的另一端,如此反复溜条至面条粗细均匀、纹路顺直。<br>步骤三:在案板上撒一层扑面,将溜顺的面条放在案板上顺直,双手一上一下搓动几下面条,使面条反方向上劲,然后将两个面头握入左手,右手中指钩住另一端,双手向外抻拉,抻开后右手面头放入左手,右手继续抓另一头抻拉,抻拉过程中要不断地往面条上撒干面粉以免粘连,如此反复10次,双手将面条抻起放入油盆中蘸油,拿出顺长,放案板上用刀切去两头,再切成15厘米长的段,抓住两端抻长,从两端向中间卷起,取豆沙馅30克揉圆压成圆饼,放入一端卷起的面条上,将另一端卷起的面条盖上,使豆沙馅夹在中间成生坯。<br>步骤四:电饼铛加热至180摄氏度,将制作好的一窝丝生坯放入烙制,烙至一面金黄翻烙另一面,两面烙至金黄熟透后取出,用干净的湿布盖上闷5分钟,再用双手调整,使饼丝松散,装盘。 |

*Note*

| 技术关键 | （1）掌握好加水量。<br>（2）面团要搋捣至光滑、不粘手。<br>（3）开始溜条时不能离开案板，避免断条。 |
| --- | --- |
| 类似菜品 | 清油饼。 |

 永红月饼

## 一、永红月饼介绍

　　永红月饼也叫高红月饼，是每年八月十五受欢迎的极具地方特色的月饼，具有传承的意义。永红月饼制作中使用的是当地特产胡麻油，经常食用胡麻油对防治高血压、糖尿病以及心脑血管疾病等有一定的作用。永红月饼还含有各种营养丰富的果仁，如松子仁、花生、核桃仁等，但永红月饼油脂含量高、热量高，不建议多食。

## 二、永红月饼的制作

**1** **永红月饼的加工工艺流程**

　　调制面团→调制馅料→包捏成型→烤制成熟→装盘

**②永红月饼的加工制作**

| 加工设备、工具 | | 擀面杖、刮面板、煮锅、不锈钢盆、油刷、烤盘、烤箱、尖筷子、盛器。 |
|---|---|---|
| 原料 | 主料 | 中筋粉 500 克。 |
| | 辅助原料 | 冷水 225 克、白糖 600 克、胡麻油 150 克、花生碎 200 克、黑芝麻 50 克、瓜子仁碎 100 克、松子仁 50 克、核桃仁 50 克、青红果脯 50 克、熟面 300 克、花生油 80 克、水 80 克。 |
| 加工步骤 | | 步骤一：在 225 克冷水中加 100 克白糖、150 克胡麻油混合均匀，烧开成糖油水备用。500 克中筋粉放在案板上，中间开汤坑，加入烧开的糖油水调制成面团，盖湿布醒制 30 分钟备用。<br>步骤二：将 500 克白糖、200 克花生碎、50 克黑芝麻、100 克瓜子仁碎、50 克核桃仁、50 克松子仁、50 克青红果脯、300 克熟面、80 克花生油、80 克水混合均匀，调制成馅料。<br>步骤三：将醒制好的面团搓条，揪 50 克一个的剂子，包入 50 克的馅料，压成 2 厘米厚的圆饼，放入烤盘中摆整齐。<br>步骤四：烤箱升温至 240 摄氏度，烤制 20 分钟，出炉刷少量胡麻油即可。 |
| 技术关键 | | (1)掌握好面团调制的软硬度。<br>(2)调制面团时注意避免将面揉上劲。<br>(3)皮面与馅料的配比要得当，馅料要居中放置。<br>(4)掌握好烤制的温度与时间。 |
| 类似菜品 | | 丰镇月饼。 |

## 一、蜜酥的介绍

蜜酥是流行于内蒙古乌兰察布、呼和浩特等地比较传统的面点品种之一,因其口感甜蜜酥润而得名。蜜酥用料比较简单,制作工艺也不复杂,成品为枣红色,外裹白色糖霜,饱满粗大,口感油香甜润。蜜酥不仅好吃、别具风格,而且价廉物美,一直是深受当地人民喜爱的面点制品,在各类糕点房都有制作销售。蜜酥的主要原料是面粉,配以绵白糖和麦芽糖。麦芽糖甜度温和,容易消化吸收,具有养颜、补脾益气、润肺止咳、滋润内脏的作用。麦芽糖还有保湿、抗结晶的工艺特点,能使制品酥润松软、有弹性、不易老化、入口酥软,提高了制品的食用价值。绵白糖只是蜜酥的外层蘸料,适当食用不会使糖分摄入过多。调制面团时加入少量的胡麻油增加了口感和风味,加入鸡蛋不仅能增加营养,在炸制时还能避免制品吸入过多的油脂影响制品质量。

## 二、蜜酥的制作

### ❶ 蜜酥的加工工艺流程

调制面团→擀切成型→熟制→熬糖挂浆→滚霜→装盘

### ❷ 蜜酥的加工制作

| 加工设备、工具 | | 炸锅、擀面杖、刀、不锈钢盆、盛器。 |
|---|---|---|
| 原料 | 主料 | 面粉 500 克。 |
| | 辅助原料 | 绵白糖 500 克、麦芽糖 295 克、鸡蛋 1 个、小苏打 5 克、泡打粉 3 克、胡麻油 1050 克、水 125 克。 |

| | |
|---|---|
| 加工步骤 | 步骤一：在500克面粉中加入3克泡打粉，拌匀放在案板上，中间开汤坑，将25克绵白糖放入不锈钢盆中，加入25克水、1个鸡蛋，搅匀至糖溶化，放入180克麦芽糖和5克小苏打搅匀，再加入50克胡麻油搅拌均匀，倒入面粉中和成面团，盖湿布醒制20分钟，再揉光、揉透，醒制备用。<br>步骤二：将醒制好的面团放在案板上，用擀面杖擀成2厘米厚的长方形大片，再切成20厘米长、10厘米宽的长方形生坯。<br>步骤三：炸锅上火，倒入1000克胡麻油，加热至180摄氏度，将切好的生坯双手拿起反方向拧两圈，逐个下入油锅，待生坯浮起转小火慢炸，炸至枣红色成熟捞出。<br>步骤四：另起锅上火，放入100克水、270克麦芽糖烧开，转小火熬制5分钟，放入炸好的蜜酥坯，翻滚，使其裹满糖浆。<br>步骤五：将裹满糖浆的蜜酥坯捞出放入绵白糖中翻滚，均匀地裹上一层绵白糖即成蜜酥。 |
| 技术关键 | （1）面粉要选用低筋面粉，掌握好面团的软硬度，揉光、揉透。<br>（2）醒好的面团不宜放置太久，以免面团僵硬影响操作。<br>（3）掌握好炸制的油温，油温过高容易外焦内夹生。<br>（4）掌握好糖浆的黏稠度，糖浆太过稀薄不易裹糖，太过浓稠不易渗透表皮。 |
| 类似菜品 | 蜜麻叶。 |

## 一、开口笑的介绍

开口笑既是糕点、席点,也是零食小点,深受大众喜爱,在内蒙古中部地区流行。开口笑是用化学膨松的方法使生坯在油炸的过程中自然开口,因此而得名。开口笑色泽金红,圆球状的顶部有规则地裂开成两瓣或三瓣,其口感外酥脆内沙暄,味道油香甜甘,芝麻香味十足。开口笑的主要原料是面粉、鸡蛋、糖、油,辅以化学膨松剂,口味主要突出胡麻油和芝麻的香味。常吃芝麻可使皮肤保持柔嫩、细致和光滑。除此之外,芝麻还有润肠通便的作用。用胡麻油炸制的开口笑不仅色泽金红,还有胡麻油特有的香味。

## 二、开口笑的制作

**1 开口笑的加工工艺流程**

调制面团→搓条→下剂→成型→滚沾芝麻→炸制成熟→装盘

**2 开口笑的加工制作**

| 加工设备、工具 | | 炸锅、不锈钢盆、盛器。 |
|---|---|---|
| 原料 | 主料 | 面粉 625 克。 |
| | 辅助原料 | 鸡蛋 185 克、绵白糖 250 克、胡麻油 1125 克、泡打粉 12 克、小苏打 6 克、熟芝麻 500 克。 |
| 加工步骤 | | 步骤一:在面粉中加入泡打粉、小苏打拌匀,放在案板上,中间开汤坑,将绵白糖放入不锈钢盆中加入鸡蛋搅匀至糖溶化,放入 125 克胡麻油搅匀后倒入面粉中和成面团,盖湿布醒制 20 分钟备用。 |

| 加工步骤 | 步骤二：将醒制好的面团放在案板上，搓条，揪 15 克一个的剂子。<br>步骤三：将揪好的剂子双手搓成圆球，放入水盆中过水捞出，再放入熟芝麻中翻滚至沾满芝麻后取出，双手揉搓，使芝麻沾得更加紧实。<br>步骤四：炸锅上火，倒入 1000 克胡麻油，加热至 160 摄氏度，将沾满芝麻的开口笑生坯逐个下入炸锅中炸制，待生坯浮起后转小火慢炸，炸至裂口处呈枣红色捞出装盘。 |
|---|---|
| 技术关键 | （1）面粉要选用低筋面粉，掌握好原料的比例及面团的软硬度。<br>（2）调制面团要用叠压的手法，不可以揉搓，以免面团上劲，影响成品质量。<br>（3）生坯过水要均匀，控净水分，生坯表面不能带水太多。<br>（4）要逐个搓揉沾芝麻后的剂子，使其牢固，不易脱落。<br>（5）炸制时要控制好油温，制品浮起来后要不断翻动，使制品受热均匀。 |
| 类似菜品 | 糖枣。 |

## 一、奶豆腐包的介绍

奶豆腐包是内蒙古地区的面点师根据多年的工作经验,结合内蒙古地区的奶制品创造出来的具有地方特色的面点制品。奶豆腐包用料、口味独特,是一道能够体现内蒙古地区特色的面点制品,其外皮洁白,暄软柔嫩,口味略甜,奶香浓郁。奶豆腐包的外皮采用酵母发酵面团制作而成,馅心主要以本地特色食品——奶豆腐为主,辅以黄油、奶嚼口、白糖。奶豆腐中含有大量的蛋白质、脂肪、烟酸等,能补充人体所需的营养,加速新陈代谢,提高身体免疫力;奶豆腐中还含有钙和维生素 D,能增强骨密度,预防骨质疏松;奶豆腐还含有一些微量元素、氨基酸与黄酮类,这些物质能清除自由基,提高身体的抗氧化能力,常食可以延缓衰老。黄油是从牛奶或奶皮中提取的,营养价值较高,其主要成分是脂肪,适量吃一些黄油可迅速为身体提供热量,增加饱腹感。黄油中铜离子的含量比较高,可以维持皮肤弹性,增强骨骼强度。奶豆腐包奶香浓郁,营养丰富,尤其适合老人、小孩和体弱者食用。

## 二、奶豆腐包的制作

### ❶ 奶豆腐包的加工工艺流程

和面→制馅→搓条→下剂→制皮→包馅→成型→熟制→装盘

### ❷ 奶豆腐包的加工制作

| 加工设备、工具 | | 蒸锅、擀面杖、刀、不锈钢盆、盛器。 |
| --- | --- | --- |
| 原料 | 主料 | 精制面粉 500 克、奶豆腐 500 克。 |
| | 辅助原料 | 酵母 5 克、泡打粉 5 克、绵白糖 50 克、奶嚼口 50 克、黄油 25 克、温水 280 克。 |

| | |
|---|---|
| 加工步骤 | 步骤一：在精制面粉中加入泡打粉，拌匀放在案板上，中间开汤坑，将酵母放入温水中搅匀，再倒入面粉中拌匀，和成面团，醒发20分钟。<br><br>步骤二：将奶豆腐切碎，放入不锈钢盆中，加入绵白糖、奶嚼口、黄油搅拌均匀成馅。<br><br>步骤三：将醒发好的面团反复揉搓排气至光滑柔润，松弛10分钟，搓条，揪25克一个的剂子。<br><br>步骤四：将揪好的剂子擀成直径10厘米、周边薄、中间稍厚的圆形面皮，包入20克制好的奶豆腐馅，用手将周边的皮向上收拢，制成生坯。<br><br>步骤五：将包好的生坯放入笼屉内醒发一倍大，蒸锅内加水烧开，放上笼屉蒸10分钟，蒸熟后取出装盘。 |
| 技术关键 | (1)和面用水量要根据面粉质量灵活掌握，水温根据季节和室温的不同及时调节。<br>(2)面团发酵的程度要准确掌握，否则影响成品的口感和质量。<br>(3)面皮和馅料要按比例配制，成型包捏动作娴熟、均匀一致。<br>(4)成熟后馅心会熔化，所以收口要平行一致，馅料不宜过多。 |
| 类似菜品 | 奶黄包、流沙包。 |

**鲜奶棉花杯**

## 一、鲜奶棉花杯的介绍

鲜奶棉花杯因其原料、形状、盛器而得名。鲜奶棉花杯形状似绽开的棉花,底托纸杯。鲜奶棉花杯又称开花馒头,但与传统的开花馒头还是有所不同,传统的开花馒头是用老肥发酵,利用酵母菌的生物繁殖产生大量的二氧化碳气体使制品膨松,而鲜奶棉花杯是利用化学膨松剂受热产生气体使制品膨松,与传统的开花馒头相比,制作时操作更简便,制作时间也大大缩短。鲜奶棉花杯色泽乳白、奶香四溢、形态饱满,有规则地绽开三瓣,口感暄软,绵甜适口,营养丰富。鲜奶棉花杯的主料为面粉,辅以牛奶、黄油、鸡蛋清等。牛奶含有丰富的钙,是人体中钙的最佳来源,有助于牙齿和骨骼的生长;牛奶还有保湿、润肤、美白的美容功效。鸡蛋清含有丰富的蛋白质,蛋白质是组织和修复身体的重要成分。所以,鲜奶棉花杯的营养价值较高。

## 二、鲜奶棉花杯的制作

**1 鲜奶棉花杯的加工工艺流程**

调制面糊→装入盛器→蒸制成熟→装盘

**2 鲜奶棉花杯的加工制作**

| 加工设备、工具 | | 蒸锅、不锈钢盆、勺子、盛器。 |
| --- | --- | --- |
| 原料 | 主料 | 精制面粉500克。 |
| | 辅助原料 | 鲜牛奶500克、绵白糖350克、黄油40克、鸡蛋清2个、泡打粉20克、柠檬汁10克。 |

| 加工步骤 | 步骤一：将绵白糖放入不锈钢盆中，加入鲜牛奶、黄油、鸡蛋清顺一个方向搅拌至糖和黄油全部溶（熔）化，慢慢倒入精制面粉和泡打粉，边倒边搅，搅成面糊，加入柠檬汁，搅拌均匀。<br>步骤二：将纸杯放入笼屉内，把调制好的面糊舀入纸杯至八分满。<br>步骤三：蒸锅加水烧开后，将准备好的鲜奶棉花杯生坯放入，大火蒸制15分钟。<br>步骤四：蒸好关火，取出装盘。 |
|---|---|
| 技术关键 | （1）注意配料比例一定要准确。<br>（2）搅面糊时一定要先将液体原料和糖、黄油搅至完全溶（熔）化，再加入面粉。<br>（3）面粉要慢慢加入搅匀，不能有面疙瘩，以免影响成品质量。<br>（4）柠檬汁最后加入，加入柠檬汁搅匀后马上装入纸杯蒸制。 |
| 类似菜品 | 蒸蛋糕。 |

 蜜麻叶

# 一、蜜麻叶的介绍

蜜麻叶也叫糖麻叶，是内蒙古呼和浩特以及周边地区传承久远的一道风味面

点。蜜麻叶是将发酵面坯拧花反转,炸制成熟后裹上糖浆而成,晶亮的外皮下透着枣红色,入口外皮甜柔、内里酥润。蜜麻叶是由发酵面团制成,其中酵母菌含有丰富的蛋白质、B族维生素和矿物质等,B族维生素可以促进人体代谢,保持正常的神经系统功能。其中维生素 $B_{12}$ 有预防贫血的作用。配料中的饴糖生津润燥,具有补中益气、润肺止咳、健脾养胃及缓解疼痛的功效。蜜麻叶在呼和浩特的很多面食干货店、小吃摊常年有售。

## 二、蜜麻叶的制作

**1** **蜜麻叶的加工工艺流程**

调制皮面→调制糖面→擀片成型→炸制成熟→裹糖→装盘

**2** **蜜麻叶的加工制作**

| 加工设备、工具 | | 炸锅、擀面杖、刀、不锈钢盆、盛器。 |
| --- | --- | --- |
| 原料 | 主料 | 精制面粉 1500 克。 |
| | 辅助原料 | 饴糖 1250 克、绵白糖 250 克、酵母 10 克、泡打粉 10 克、胡麻油 1500 克、温水 500 克。 |
| 加工步骤 | | 步骤一:在 1000 克精制面粉中加入 10 克泡打粉拌匀,在 500 克温水中加入 10 克酵母、100 克胡麻油搅匀,倒入面粉中和成面团,揉光,盖湿布醒发 30 分钟备用。<br><br>步骤二:另取 500 克精制面粉,加入 350 饴糖,调制成糖面团,揉光、揉匀,盖湿布备用。<br><br>步骤三:将醒发好的发酵面团分成两块大小相同的面团,揉光后松弛 10 分钟,把松弛好的两块发酵面团和甜面团都擀成 1 厘米厚的长方形大片,将甜面团夹在两个发酵面团中间,再擀成 1.5 厘米厚平整的长方形,用刀切成长 10 厘米、宽 4 厘米的小长方形,对折,用刀在中间切三分之二,顶端留三分之一不切断,然后展开,将一头从中间开口处掏出,对角捏合,即成蜜麻叶生坯。<br><br>步骤四:将剩余的胡麻油倒入炸锅中,加热至 150 摄氏度,把制作好的蜜麻叶生坯逐个放入,炸至金红色熟透,捞出控油。 |

| 加工步骤 | 步骤五：另起锅加热 900 克饴糖、250 克绵白糖至完全熔化成糖浆，将炸制好的蜜麻叶逐个放入锅中裹一层糖浆后捞出，晾凉即可。 |
|---|---|
| 技术关键 | （1）发酵面团软硬要适中，太硬会影响成品质量。<br>（2）甜面团的软硬度要和发酵面团、一致。<br>（3）切条要大小均匀、一致。<br>（4）掌握好炸制时的油温，否则会影响成品的色泽、口感。<br>（5）糖浆的黏稠度要适中，沾裹要均匀。 |
| 类似菜品 | 蜜酥。 |

## 一、南瓜包的介绍

南瓜包是用南瓜泥和面粉调制成皮面，包入南瓜馅，捏成南瓜形状的一款面点。内蒙古中西部地区的老百姓称南瓜为倭瓜。南瓜包既可以当菜品也可以当主食，而且还具有一定的食疗价值。南瓜包造型美观、色泽金黄、口感甜糯、营养丰富。南瓜含有多种人体所需的氨基酸，其中赖氨酸、苏氨酸、亮氨酸、苯丙氨酸的含量比较高。南瓜中的类胡萝卜素在人体内能够转化为维生素 A，维生素 A 能够保护视力,促进上皮组织的生长分化,促进骨骼发育。南瓜中丰富的果胶能够调节胃内食物的吸收速率,使糖类的吸收减慢。南瓜含有的膳食纤维在胃部停留的时间较长,可推迟胃内食物排空,控制血糖上升。南瓜含有的微量元素钴不仅能够促进新陈代谢,还是胰岛细胞所需的矿物质,能促进造血功能。馅料中加入的黄油是维生素 A 和维生素 D 的极好来源。皮料和馅料的结合使营养和功能互补,提高了制品的食用价值。

## 二、南瓜包的制作

**1** 南瓜包的加工工艺流程

蒸南瓜→调制皮坯→制馅→搓条→下剂→包捏成型→蒸制成熟→装盘

**2** 南瓜包的加工制作

| 加工设备、工具 | | 蒸锅、擀面杖、不锈钢盆、盛器。 |
|---|---|---|
| 原料 | 主料 | 南瓜 1000 克、精制面粉 500 克。 |
| | 辅助原料 | 酵母 5 克、泡打粉 5 克、绵白糖 300 克、黄油 30 克、生粉 100 克、鸡蛋 2 个、葡萄干 50 克。 |
| 加工步骤 | | 步骤一:将 500 克南瓜去皮去籽洗净,切成片,上笼蒸熟后取出,捣成泥备用。<br>步骤二:将精制面粉放在案板上,加入酵母、泡打粉、南瓜泥拌匀,和成光滑面团,盖湿布醒发 30 分钟。<br>步骤三:将剩下的 500 克南瓜去皮、去籽洗净,切片,上笼蒸熟后取出,捣成泥,加入黄油、绵白糖、鸡蛋、生粉搅拌均匀,放入条盘中,上笼蒸 15 分钟,取出晾凉备用。<br>步骤四:将醒发好的皮面放在案板上,反复揉搓排气,搓条,揪 20 克一个的剂子。<br>步骤五:将剂子压扁压薄,放入 15 克南瓜馅收口,用刮板压出南瓜瓣,用葡萄干装饰南瓜柄,制成南瓜包生坯。<br>步骤六:将制作好的南瓜包生坯放入笼屉内醒发至 1 倍大,蒸锅上水烧开,上笼蒸 10 分钟,成熟后出锅装盘。 |

| 技术关键 | （1）南瓜要蒸熟、蒸透。<br>（2）发酵面团软硬要适中，太软会影响成品形态。<br>（3）包捏形态要均匀一致。<br>（4）掌握好醒发时间，醒发时间太长容易破坏造型。 |
|---|---|
| 类似菜品 | 土豆包。 |

 糖油旋

## 一、糖油旋的介绍

糖油旋是内蒙古乌兰察布和呼和浩特地区的传统面点。糖油旋是将发面皮包入糖油酥，经过独特的制作工艺制成层次分明的螺旋形饼，烤制成熟而成。糖油旋因酥层螺旋重叠而得名。该制品外形美观、口感好、经济实惠，深受消费者喜爱，干货店、早点摊都有售卖。制作糖油旋的油脂用的是内蒙古中部地区特产的胡麻油，胡麻油不仅色泽金黄，而且香味浓郁，是这一地区面点制作中不可缺少的原料。配料中的饴糖生津润燥，具有补中益气、润肺止咳、健脾养胃及缓解疼痛的功效，饴糖能分解成单糖，便于人体直接吸收，适合儿童、老人和体弱者食用。糖油旋色泽金红，层次均匀清晰，表皮酥脆，内里松软，甜香适口。

## 二、糖油旋的制作

**❶ 糖油旋的加工工艺流程**

和面→调酥→搓条→下剂→包酥→开酥→成型→烤制成熟→装盘

**❷ 糖油旋的加工制作**

| 加工设备、工具 | | 烤箱、擀面杖、不锈钢盆、刀、盛器。 |
|---|---|---|
| 原料 | 主料 | 精制面粉800克。 |
| | 辅助原料 | 酵母8克、泡打粉8克、绵白糖80克、饴糖45克、胡麻油150克、温水300克。 |
| 加工步骤 | | 步骤一:在500克精制面粉中加入泡打粉,搅拌均匀,放在案板上,中间开汤坑,在温水中加入酵母,搅拌均匀,倒入面粉中调制成光滑面团,盖湿布醒发30分钟。取剩下的300克精制面粉放在案板上,中间开汤坑,放入绵白糖、饴糖和胡麻油,用手掌擦至均匀、细腻备用。<br>步骤二:将醒发好的面团放在案板上,反复揉搓排气,搓条,揪90克一个的面剂子,将擦好的糖酥分成60克一个的剂子。<br>步骤三:取一个面剂子用手掌压成中间厚、周边薄的皮,包入一份油酥收口压扁,用擀面杖擀制成牛舌形长片,从上向下卷成卷。<br>步骤四:将开酥卷好的生坯用刀从中间切开,切口朝上,两手各拿一头,层次向外,两手反方向拧成螺旋形糖油旋生坯,用擀面杖逐个擀成直径10厘米的圆饼。<br>步骤五:将擀制好的糖油旋生坯逐个摆入烤盘中,表面刷胡麻油。烤箱预热,上火260摄氏度、下火240摄氏度,放入烤盘烤制15分钟成熟,取出装盘。 |
| 技术关键 | | (1)准确掌握面团的发酵程度,以免影响成品的质量。<br>(2)皮面和油酥的软硬度要一致,皮面和油酥的比例要准确,否则会影响制作。<br>(3)开酥用力要均匀,使油酥分布一致。 |

*Note*

| 技术关键 | （4）拧生坯时要边拧边推，不能拧得细长，要注意层次。<br>（5）待烤箱温度达到要求温度后，再将生坯放入烤盘烤制，烤制过程中不能随意开烤箱。 |
|---|---|
| 类似菜品 | 咸油旋、香酥焙子。 |

 奶油桃酥

## 一、奶油桃酥的介绍

奶油桃酥是以面粉、鸡蛋、核桃仁白糖、黄油等为原料制成的一道面点，利用化学膨松剂使制品口感酥化、膨松。奶油桃酥的制作传承久远，但各地做法各有不同。内蒙古地区制作的奶油桃酥加入了本地区特产的黄油，其味道、口感更佳。黄油可以从奶皮子、白油中提取，也可以从鲜奶凝结的油皮中提取。黄油营养极为丰富，是奶食品之冠，五六十斤酸奶才可以提取出两斤左右的黄油。黄油主要含有蛋白质、脂肪、胆固醇、核黄素及钙、磷、钾、钠、铜、锌、铁等，脂肪能提供能量、维持体温、保护内脏，铜对中枢神经和免疫系统有重要影响。鸡蛋含有蛋白质、脂肪、卵磷脂、维生素和钙、铁、钾等人体所需的各种营养素，是营养丰富、全面的食品。核桃仁是一种常见的坚果，含有磷脂，磷脂在大脑中承担传递信息的重要功能，常食用核桃仁可以提高记忆力。核桃仁还含有丰富的不饱和脂肪酸，有调节血脂、清理血

栓、增强机体免疫力、补脑健脑的作用。核桃仁油脂含量较高,有利于滋补五脏,强肾益脾,核桃仁中还含有丰富的维生素 E,是抗氧化、延缓衰老的上好果品。奶油桃酥色泽金黄,裂纹均匀,口感酥松香甜。

## 二、奶油桃酥的制作

### ❶ 奶油桃酥的加工工艺流程

和面→下剂成型→刷蛋液→镶嵌核桃仁→烤制成熟→装盘

### ❷ 奶油桃酥的加工制作

| 加工设备、工具 | | 烤箱、不锈钢盆、盛器。 |
|---|---|---|
| 原料 | 主料 | 面粉 500 克。 |
| | 辅助原料 | 色拉油 150 克、黄油 100 克、绵白糖 200 克、鸡蛋 1 个、小苏打 6 克、臭粉 10 克、核桃仁 100 克。 |
| 加工步骤 | | 步骤一:将面粉倒入不锈钢盆中,加入绵白糖、小苏打、臭粉拌匀,然后加入色拉油、黄油、鸡蛋反复揉搓均匀,和成面团备用。<br>步骤二:将调制好的面团分成 30 克一个的剂子,用模具脱扣成型,整齐摆入烤盘内。<br>步骤三:核桃仁洗净沥干水分,用刀切成 0.5 厘米大小的颗粒,在制作好的生坯上刷一层鸡蛋液,将切碎的核桃仁粒撒在表面,用手掌轻压使其镶嵌得更牢固。<br>步骤四:烤箱加热至 200 摄氏度,将制作好的生坯放入烤箱烤制 10 分钟,成熟后取出装盘。 |
| 技术关键 | | (1)制作奶油桃酥要选用低筋面粉。<br>(2)要准确掌握配料比例。<br>(3)模具脱型使制品大小均匀一致。<br>(4)根据烤箱的实际情况,掌握好烤制的温度和时间。 |
| 类似菜品 | | 甘露酥。 |

 鲜奶糖枣

## 一、鲜奶糖枣的介绍

　　鲜奶糖枣是生活中常见的一种零食。鲜奶糖枣吃起来外皮酥脆，内里绵软香甜，既是小吃也可当零食。鲜奶糖枣是在糖枣制作中加入内蒙古当地新鲜的牛奶制作而成，牛奶不仅提高了营养，还增加了风味。糖枣中的饴糖是由玉米、大麦等粮食经发酵糖化而制成的，是由麦芽中的糖化酶作用于碎米中的淀粉所制成的一种糖，为浅黄色黏稠透明液体。饴糖味甜柔爽口，广泛用于糖果、糕点制品，亦用于其他工业。饴糖也是一味传统中药，性温味甘，归脾、胃、肺经，临床主要用来补脾益气、缓急止痛、润肺止咳，治疗脾胃气虚、中焦虚寒、肺虚久咳、气短气喘等，在多个经方中皆有应用。另外饴糖还具有一定的还原性，可以抗氧化，具有较大的渗透压，能抑制制剂中微生物的生长繁殖。

## 二、糖枣的制作

**1** 糖枣的加工工艺流程

　　和面→搓条→下剂→炸制→熬糖→裹糖→装盘

### 2 糖枣的加工制作

| 加工设备、工具 | | 擀面杖、刀、炸锅、不锈钢盆、漏勺、盛器。 |
|---|---|---|
| 原料 | 主料 | 中筋面粉 500 克。 |
| | 辅助原料 | 清水 50 克、饴糖 200 克、绵白糖 130 克、胡麻油 1050 克、鸡蛋 50 克、鲜牛奶 180 克、酵母 2 克、泡打粉 3 克、小苏打 1 克。 |
| 加工步骤 | | 步骤一:将 30 克绵白糖、50 克胡麻油、50 克鸡蛋、180 克鲜牛奶放入不锈钢盆中搅匀至糖溶化,加入酵母搅匀。将泡打粉、小苏打放入中筋面粉中搅拌并慢慢加入不锈钢盆中拌匀,揉成光滑面团,盖湿布醒制 20 分钟。<br>步骤二:将醒好的面团搓条,揪 20 克一个的剂子,搓圆。<br>步骤三:炸锅内倒入胡麻油 1000 克,加热至 150 摄氏度,放入制作好的糖枣生坯,炸至金黄熟透捞出。<br>步骤四:将 200 克饴糖、100 克绵白糖、50 克清水放入锅中,上火熬开,转中小火,熬制 10 分钟关火。<br>步骤五:将炸制好的糖枣坯倒入熬好的糖浆中翻滚,使每一个糖枣都裹匀糖浆,将裹好糖浆的糖枣倒入绵白糖中裹匀即可。 |
| 技术关键 | | (1)原料配比要准确,保证制品软而不韧、松而不散。<br>(2)掌握好炸制的油温及火候,保证制品良好的色泽和口感。<br>(3)糖浆熬制的黏稠度要适中。 |
| 类似菜品 | | 糖麻叶。 |

## 一、奶油刀切的介绍

奶油刀切又叫刀切酥,是内蒙古呼和浩特地区的传统风味名点。奶油刀切是由面粉、饴糖、奶油等原料加工制作而成。"刀切"这一名称是根据其制作方法而得,朴实确切。奶油刀切色泽淡黄,奶香四溢,口感酥化香甜。奶油刀切中的奶油即为黄油,不仅有特殊的奶香味,而且含有丰富的不饱和脂肪酸及大量的完全蛋白质,能为人体提供充足的营养。奶油刀切是在传统刀切的基础上改进而来的,不仅外形更美观,而且口感也更好。

## 二、奶油刀切的制作

### 1 奶油刀切的加工工艺流程

和面→调酥→开酥→卷条→切片→烤制成熟→装盘

### 2 奶油刀切的加工制作

| 加工设备、工具 | | 走槌、刀、烤箱、盛器。 |
|---|---|---|
| 原料 | 主料 | 精制面粉 750 克。 |
| | 辅助原料 | 饴糖 30 克、猪油 180 克、鸡蛋液 30 克、黄油 150 克、绵白糖 250 克、温水 100 克。 |
| 加工步骤 | | 步骤一:将 250 克精制面粉放在案板上,中间开汤坑,把 30 克饴糖、30 克猪油用 100 克温水化开并搅匀,与 30 克鸡蛋液一同倒入面粉中和成面团,将面团揉光、揉透,盖湿布醒制备用。在剩下的 500 克精制面粉中加入 250 克绵白糖、150 克猪油、150 克黄油,搅拌均匀,即成糖油酥。 |

| 加工步骤 | 步骤二:将醒好的皮面放在案板上,用走槌把四角擀开,将糖油酥放在中间,提取四角包住糖油酥,包严,用走槌擀成0.4厘米厚的长方形薄片。<br>步骤三:将擀好的面坯从上下两端向中间卷起,反转,底面朝上,用刀切成1厘米厚的片。<br>步骤四:将切好的奶油刀切生坯整形后摆入烤盘中,烤箱预热至200摄氏度放入烤盘,烤12分钟成熟,取出装盘。 |
|---|---|
| 技术关键 | (1)掌握好原料比例,皮面和糖酥的软硬度要一致。<br>(2)包酥要紧实,开酥用力要均匀,擀片要平整,卷条要紧,两条要粗细均匀。<br>(3)成型的切片过厚会变形,所以要整形后摆入烤盘。 |
| 类似菜品 | 蝴蝶酥。 |

# 一、薯泥奶香梨的介绍

薯泥奶香梨是用内蒙古乌兰察布特产的马铃薯(当地人也称"土豆""山药蛋")

为主料蒸制成熟加工成泥而制成的一道特殊风味的点心。薯泥奶香梨成品形似香梨,质地柔软,口感香甜。薯泥奶香梨以土豆为主料,辅以牛奶、澄面、苹果脯等原料,营养非常丰富。土豆富含淀粉及多种维生素,其营养价值是胡萝卜的两倍、大白菜的三倍、西红柿的四倍,特别是维生素 C 的含量较高;土豆中的淀粉在人体内被缓慢吸收,不会导致血糖过高;土豆所含的粗纤维,有促进胃肠蠕动、加速胆固醇在肠道中的代谢,具有通便、降低胆固醇的作用;土豆还是低热量、高蛋白、含有多种维生素和微量元素的食品,是理想的减肥食品。苹果脯含糖量较高,以果糖、还原糖和蔗糖为主,容易被人体吸收;苹果脯还含有大量的果酸和鞣酸,有促进消化的作用;苹果脯含有较多的钾,能与人体过剩的钠盐结合,促使其排出体外。薯泥奶香梨因美观的造型、丰富的营养成为高档宴会中的精品面点。

## 二、薯泥奶香梨的制作

**❶ 薯泥奶香梨的加工工艺流程**

> 蒸土豆泥→调制面团→制馅→制作梨柄→成型→炸制成熟→装盘

**❷ 薯泥奶香梨的加工制作**

| 加工设备、工具 | | 蒸锅、炸锅、不锈钢盆、尖头筷子、刀、漏勺、盛器。 |
|---|---|---|
| 原料 | 主料 | 土豆 450 克。 |
| | 辅助原料 | 澄面 100 克、鲜牛奶 100 克、苹果脯 300 克、鸡蛋清 1 个、咸面包糠 100 克、胡萝卜 50 克、色拉油 1000 克。 |
| 加工步骤 | | 步骤一:将土豆去皮、洗净、切成片,上笼蒸制成熟取出,捣成泥备用。<br>步骤二:将澄面放入不锈钢盆中,将鲜牛奶烧开并倒入澄面中搅匀,揉搓成团,将土豆泥和烫好的澄面团和在一起,揉搓成薯泥面团备用。<br>步骤三:将苹果脯放在案板上,用刀切碎,分成 10 克一个的剂子,备用。<br>步骤四:将胡萝卜去皮、洗净,切成 5 厘米长、0.25 厘米宽的细条,放入烤箱中低温烤硬,制成梨柄。 |

| | |
|---|---|
| 加工步骤 | 步骤五:将揉好的薯泥面团放在案板上,搓条,分成20克一个的剂子,把剂子搓圆压扁,包入制好的馅料,把剂口收拢捏严成球状,剂口朝下放在案板上,用尖头筷子在中间扎一个小坑,将制作好的梨柄插入。生坯表面刷一层鸡蛋清,薄薄地裹一层咸面包糠,即成薯泥奶香梨生坯。<br><br>步骤六:炸锅中倒入色拉油,加热至150摄氏度,将薯泥奶香梨生坯摆入漏勺内,放入炸锅中炸至金黄捞出装盘。 |
| 技术关键 | (1)掌握好两块面团的配比及软硬度。<br>(2)包捏成型时手法要娴熟,大小规格要一致。<br>(3)炸制时要掌握好火候,注意色泽。 |
| 类似菜品 | 象形葫芦。 |

奶香薯泥饼

# 一、奶香薯泥饼的介绍

奶香薯泥饼也叫红薯饼,是用红薯泥制作的一款面点,因其制作方法简单、营养丰富,深受人们喜欢。制作奶香薯泥饼主要用到红薯、糯米粉、鲜牛奶、澄面、莲蓉馅等原料。红薯是一种极具营养价值的块根类食品,其热量低、脂肪含量低,富含钾、β-胡萝卜素、叶酸、维生素 C 和维生素 $B_6$。钾有助于人体细胞液和电解质平衡,维持正常血压和心脏功能;β-胡萝卜素和维生素 C 有抗脂质氧化、预防动脉硬化的作用。红薯含有的纤维素,有促进肠道蠕动、改善消化道环境的作用。红薯还含有一种类似雌性激素的物质,对保护人体皮肤、延缓衰老有一定的作用。红薯已被营养学家当作一种药食兼用、营养均衡的食品。糯米粉富含蛋白质、脂肪、糖类、维生素、淀粉等,营养十分丰富,具有补中益气的功效。奶香薯泥饼色泽金黄,软糯香甜,营养丰富,味道独特。

## 二、奶香薯泥饼的制作

### ❶ 奶香薯泥饼的加工工艺流程

> 蒸制薯泥→和面→下剂→成型→炸制成熟→装盘

### ❷ 奶香薯泥饼的加工制作

| 加工设备、工具 | | 蒸锅、炸锅、不锈钢盆、刀、漏勺、盛器。 |
| --- | --- | --- |
| 原料 | 主料 | 糯米粉 500 克。 |
| | 辅助原料 | 红薯 400 克、澄面 100 克、鲜牛奶 100 克、绵白糖 50 克、猪油 50 克、莲蓉馅 200 克、鸡蛋液 150 克、面包糠 300 克、色拉油 1000 克。 |
| 加工步骤 | | 步骤一:将红薯去皮、洗净、切成片,放蒸笼内蒸制成熟取出,捣成泥备用。<br>步骤二:将澄面放入不锈钢盆中,将鲜牛奶烧开并倒入澄面中搅匀,揉成面团,再加入糯米粉、红薯泥、绵白糖揉成团,加入猪油揉成光滑滋润面团。<br>步骤三:将揉好的面团揪 30 克一个的剂子,包入 20 克莲蓉馅,收口捏紧,用手掌压成 1 厘米厚的圆饼,逐个沾鸡蛋液滚上面包糠,放入盘中备用。<br>步骤四:炸锅中倒入色拉油,加热至 150 摄氏度,将制作好的生坯逐个放入锅中,炸至金黄,捞出装盘。 |

| 技术关键 | （1）红薯要蒸透、捣烂。<br>（2）准确掌握面团的调配比例，软硬度适中。<br>（3）要控制好油温，保证成品质量。 |
|---|---|
| 类似菜品 | 炸麻团。 |

## 一、水晶饼的介绍

　　内蒙古呼和浩特、包头及周边地区有一款被称为水晶饼的传统名点。水晶饼是用水调面团包入猪板油，反复擀叠形成层次，再包入什锦糖馅烙制成熟的。在烙制过程中猪板油熔化，水晶饼表皮晶莹油亮，故得此名。制作水晶饼时猪板油的用量较多。猪板油与一般的植物油相比，有一股特殊的香味，可以增进食欲，所含的脂肪酸有一定的营养价值；猪板油还可以滋养五脏，健脾胃，有助于消化、开胃；适量食用猪板油能清除人体积存的自由基，延缓衰老；猪板油滑腻，入大肠经，可以润滑肠道，有利于排便。馅料中的京糕是由山楂制成的，山楂能开胃消食，能预防心血管疾病，具有扩张血管、增加冠脉血流量的作用，山楂所含的黄酮类和维生素C、胡萝卜素等能阻断并减少自由基的生成，增强机体的免疫力。水晶饼晶莹油亮，外皮多层，酥脆油润，馅心甜中带酸，回味绵长。

## 二、水晶饼的制作

**1 水晶饼的加工工艺流程**

> 和面→制馅→开酥→包馅→成型→烙制成熟→装盘

**2 水晶饼的加工制作**

| 加工设备、工具 | | 电饼铛、不锈钢盆、擀面杖、刀、漏勺、盛器。 |
|---|---|---|
| 原料 | 主料 | 精制面粉 500 克。 |
| | 辅助原料 | 猪板油 400 克、绵白糖 350 克、京糕 150 克、苹果脯 100 克、熟面粉 75 克、色拉油 30 克、温水 300 克。 |
| 加工步骤 | | 步骤一：将精制面粉放在案板上，中间开汤坑，加入温水拌成絮状，揉搓成光滑的面团，盖湿布醒面备用。<br>步骤二：将京糕切成 0.5 厘米见方的小丁，苹果脯切碎，与绵白糖、熟面粉、色拉油擦拌均匀，即成糖馅。<br>步骤三：将猪板油去掉表面皮膜，切成米粒大小的丁，把醒好的面团放在案板上，用手掌压成四周薄、中间略厚的圆形面片，将切好的猪板油放在面片中间，包好捏严，用擀面杖擀成 0.5 厘米厚的长方形大片，折叠三次再擀开，再折叠三次后擀成 0.5 厘米厚的长方形大片，从上向下卷起，揪 100 克一个的剂子。<br>步骤四：将揪好的剂子用手压成中间厚、四周薄的面皮，包入 60 克馅料，收口捏严，再擀成直径 15 厘米的圆饼，即成生坯。<br>步骤五：电饼铛加热至 180 摄氏度，将制作好的生坯剂口朝上放入电饼铛中烙制，一面上色翻烙另一面，两面烙至金黄取出，装盘。 |
| 技术关键 | | (1)掌握好面团的软硬度，太硬会影响操作。<br>(2)猪板油要去掉表面皮膜。<br>(3)开酥要用力均匀，不能破酥，否则会影响操作和成品质量。 |
| 类似菜品 | | 炉饼。 |

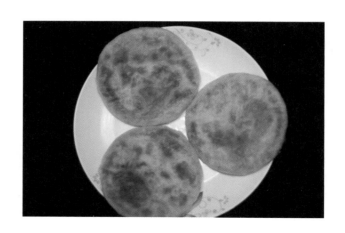

## 一、米凉粉的介绍

　　米凉粉是陕西、内蒙古沿黄河一带居民经常食用的一种地方风味食品,各色餐馆、小吃店均有售卖。如今人们注重养生,青睐野菜、粗粮杂食,米凉粉因加工工艺传统、无任何添加剂、色泽天然、口感劲道爽滑、味酸辣鲜香、营养丰富、自然清新赢得大众的喜爱。米凉粉中糜子米在《本草纲目》中有记载。糜子性平味甘,无毒,微寒,不仅有很高的营养价值,还具有一定的药用价值。糜子中必需氨基酸的含量是小麦、大米的两倍,蛋白质含量、淀粉含量、脂肪含量都高于小麦和大米。糜子还含有 β-胡萝卜素、维生素 E、维生素 $B_6$、维生素 $B_1$、维生素 $B_2$ 等多种维生素和丰富的钙、镁、锌、铁等矿物质,对预防近视、高血压等也有很好的作用。米凉粉中的小米又称粟米,是我国古代的"五谷"之一,也是北方人喜爱的食物,小米含有多种维生素、氨基酸、脂肪和碳水化合物,营养价值比较高。小米性凉味甘,入脾胃经,常食用可改善脾胃虚所导致的食欲不振、消化不良、腹满、食少等症状。小米有补肾、养胃的作用。几种谷物搭配制成的米凉粉不仅营养丰富,而且经调味后酸辣鲜香,清凉爽口,解暑降温,有益健康。

## 二、米凉粉的制作

### 1 米凉粉的加工工艺流程

淘洗、浸泡米→磨浆→熟制→定型冷却→装盘浇汁

**②** 米凉粉的加工制作

| 加工设备、工具 | | 煮锅、磨浆机、不锈钢盆、高粱箅子、刀、盛器。 |
|---|---|---|
| 原料 | 主料 | 糜子米 200 克、小米 300 克。 |
| | 辅助原料 | 蒿籽粉 30 克、黄瓜丝 100 克、香菜 20 克、香醋 50 克、蒜泥 20 克、熟芝麻粉 30 克、酱油 15 克、葱油 20 克、辣椒油 20 克、精盐 5 克、鸡精 3 克、凉开水适量。 |
| 加工步骤 | | 步骤一：小米和糜子米用清水淘洗干净，用温水浸泡 45 分钟备用。<br>步骤二：将浸泡好的米捞出，加少量的水放入磨浆机打成粉浆。<br>步骤三：煮锅上火加入少量的水烧开，慢慢倒入粉浆，边倒入边快速搅拌，粉浆全部倒入搅拌成熟后，放入蒿籽粉搅匀，熟透后起锅离火。<br>步骤四：把熬熟的米浆在高粱箅子上摊成薄饼，晾凉后再摊一层，如此反复摊凉即成米凉粉。<br>步骤五：把晾凉的米凉粉切条装盘，撒上黄瓜丝，将蒜泥、香醋、酱油、精盐、鸡精、辣椒油、葱油、熟芝麻粉放入不锈钢盆中，加入少量凉开水调成汁，浇在米凉粉上，撒上香菜即可。 |
| 技术关键 | | （1）磨粉浆时用水量要适当，掌握好粉浆的稠稀度。<br>（2）煮粉浆时用水量要适当，搅出的粉团稠稀要适度。<br>（3）煮粉浆时要不停地搅动，掌握好火候，先大火再转小火，防止粘锅煳底，加入蒿籽粉要搅拌均匀至成熟。<br>（4）摊抹凉粉时薄厚要均匀，晾凉一层再抹一层。 |
| 类似菜品 | | 酿皮、凉粉。 |